少年科学魔幻世界

面向未来的创新

段伟文　主编

科学普及出版社
·北　京·

前 言

科学是什么？翻开这套书，你或许依然找不到答案，但你却已置身科学的魔幻世界：百合花开出美妙的曲线、孔雀尾屏上的眼斑诉说着生命的奥秘、德彪西的和弦与瓦格纳的音乐在几何空间中交汇、冰川里记载着地球上二氧化碳浓度的历史变迁、爱因斯坦在无边的宇宙中冲浪……

这些魔幻的世界让我们看到了科学神奇的力量。

科学试图告诉我们世界是什么样子的，使宇宙万物变得可以理解。一代又一代的科学家们在思考、观察、实验和分析的基础上，提出了各种科学理论，用它们解释宇宙从哪里来、生命如何起源、物质如何运动和相互作用、世界又是如何构成的……

科学给我们描述了一幅世界图景，但这项工作始终是尝试性的和没有完结的。面对自然的奥秘，科学家需要通过不懈的实验干预和理论分析，才能获得对世界的有限认识。这种认识虽然是有限的，但却揭示出了事物之间比较稳定的因果关系和条件关系，因此科学不仅相对于迷信和随意的猜测更有道理，而且可以更有效地解决人们生活中面对的问题。

对科学原理的运用使人们的行动更有力量，也使得人类创意的发展为永无止境的创造和创新。先进的科学理念往往碰撞出崭新的思想火花，技术上的发明和创造一旦插上科学的翅膀，每每开创出完全出人意料的创意天空。在这魔幻的天空中飞翔快乐无比，但也给人类的智慧提出了越来越高的挑战。无论是科学的真理还是创新的力量，都应该符合人的目标和理想。

生活在科技时代的青少年，不仅要在知识的海洋边拾取色彩斑斓的贝壳，还要谨记希腊神话中代达罗斯之子伊卡洛斯的教训：科学的翅膀越是有力，我们越是要审慎地挥动，让人类文明之火飘荡得更为高远悠长……

編　者

魔幻有理　创意无边

目录

设计中的结构

炉膛与旋钮的自然匹配 …… 1
宽而深的决策树 …… 2
更浅、更窄的结构 …… 3

键盘传奇

打字机键盘的演化 …… 5
谁用过这个键盘 …… 6
小猫，别踩我的键盘 …… 8

捕获和封存二氧化碳

捕获二氧化碳 …… 10
把二氧化碳封存起来 …… 11

可爱的原子晶格

神奇的石墨烯 …… 13
玩出来的诺贝尔奖 …… 15

试管婴儿的诞生

试管婴儿 …… 17
路易丝·布朗的诞生 …… 19

跨越奇点的创意

异想天开的大学 …… 22
想象未来 …… 23
改变世界 …… 23

不可能的科幻

如何打造光剑 …… 25
穿越时空的旅行 …… 26
如何打造飞碟 …… 26
力场防护罩 …… 26
远程传输 …… 26
穿透弯曲的宇宙 …… 27
平行宇宙中的穿行 …… 27
变成超级英雄 …… 27
科幻机器人 …… 27
如何变成隐形人 …… 28
星际战舰 …… 28
炸掉行星 …… 28

异想天开的宇宙行动

太阳帆推动的宇宙飞船 …… 29
不可思议的航天飞缆 …… 30
小行星拖船的紧急作业 …… 31

神奇的网络机器人

会聊天的网络机器人 …… 33
机器能够拥有情感吗？ …… 35

用电脑放飞想象

在家搜索外星人 …… 37
用电脑控制饮酒 …… 39

重现昨日的风采和音韵

扫描总统山巨像 …… 41
重拾古琴音色 …… 43

乌贼为何色彩斑斓

先天还是后天 …… 45
研究“迷彩服”的生长 …… 46

指头为何皱巴巴

奇妙的角蛋白 …… 50

清洁大师“鲁姆巴”

从万能机器人到实用机器人 …… 53
简单实用的“鲁姆巴” …… 54
“鲁姆巴”是这样工作的 …… 56

影像中的“DNA”

影像基因 …… 60

会飞的风车

高空风车 …… 61

小发明大不同

安全气囊 …… 65
条形码 …… 67

从手写输入到意念拨号

手写输入 …… 69
用意念拨号 …… 71

钻进耳朵的手机

钻进耳朵的手机 …… 73

空想的家电设计

能培养食物的“茧” …… 75
飞来飞去的集水器 …… 77
远距离传送冰箱 …… 78

发明三十六计

笛声的启示 …… 79
钢珠的双重角色 …… 80
给热钢管内部涂润滑油 …… 81
浮在锡上的玻璃 …… 82
薄玻璃板磨角 …… 83
装金属球的火星车轮胎 …… 84
巧运迫降飞机 …… 85
绳拴冰柱 …… 86
果汁巧克力 …… 87
飘扬的旗子 …… 88

设计中的结构

什么是设计？你想过要设计一种新型的手机或电脑吗？设计是设计师向使用者发出的无声邀请，好的设计让使用者一看到就知道他们所面对的是什么、有何用、怎么用。

炉膛与旋钮的自然匹配

标准的燃气炉或电炉有 4 个炉膛，呈长方形排列。如果 4 个控制旋钮的排列是完全随机的，那么总共会有 24 种可能的对应关系：从最左边的旋钮算起，它可以控制 4 个炉膛中的任何一个，紧挨着它的那个旋钮则有可能控制剩下 3 个炉膛中的任何一个，第三个旋钮有可能控制其余两个炉膛中的任何一个，而最右边的旋钮就只可能控制一个炉膛。这样一来，炉膛和控制旋钮之间可能的对应关系为 $4\times3\times2\times1=24$ 种。这样纯粹随机性的排列使用户很难进行操作，除非在每个旋钮上都注明所控制的炉膛位置。

大多数炉灶的四个炉膛呈矩形排列，控制旋钮却排成一条线，如果不加说明，用户就只能通过试错法确认旋钮与炉膛的对应关系。

在另一种常见的设计中，控制旋钮被排成左右两部分，但用户还是不能一眼看出每边的两个旋钮分别控制同侧两个炉膛中的哪一个？

如果设计者使按钮的排列与炉膛的排列在结构上一致，不需要说明书就能让用户一看便知哪个旋钮控制哪个炉膛，享受到真正的便利。

这样的设计隐含着一个简单的设计原则——自然匹配原则：尽可能使用户能直观正确地操作产品而无需过多的说明。

宽而深的决策树

你下过棋吗？每一步棋都有很多种走法，当其中的一方走出一步时，另一方就会有一系列可能的应对方案。如果用图表把每一步棋可能的走法体现出来，就能绘出一棵“决策树”。对国际象棋来说，由于每一步棋可能的走法都会呈指数倍增长，它的决策树十分庞大。假设每一步棋都有 8 种走法，那么我先走第一步时就会面临 8 种选择，我的对手则会有 $8 \times 8=64$ 种选择；当我进行反击时，就会有 $64 \times 8=512$ 种选择，而他就会有 $512 \times 8=4\,096$ 种选择，再次轮到我时，可供选择的走法已经增加到 $4\,096 \times 8=32\,768$ 种。按照这一速度，考虑到第 5 步棋的话，可能的走法就会超过一亿种，决策树迅速变成一个巨大的、不断往外延伸的网络。而国际象棋之所以难下，就是因为每一种选择会带来巨大的变数，计算机能够与人类下棋，靠的就是计算机能够在很短的时间内对各种可能性进行推演、比较和选择。

你应该玩过一种简单的“井字棋”，它是一种原始的“五子棋”，规则是：两人轮流在一个井字形方格内画“×”和“O”，先列成一行者胜利。我们可以绘出这种棋的决策树，国际象棋的决策树与它相似，但却更宽更深，因为国际象棋的每一步棋都有很多种走法，对弈双方需要走很多步棋才能决定胜负。但在日常生活中，人们只是在行动之前，略微考虑一下可供选择的方案，就要做选择，而不必像下国际象棋那样，对每一步都作出复杂的分析。因此，当我们的设计涉及人们的日常生活时，应该让人们面对更窄更浅的决策树结构。

更浅、更窄的结构

路过冰激凌店，你可能在柜台后方的墙上看到放大了的菜单，菜单上罗列着各种冰激凌可供顾客挑选，但选择的过程却很简单。味道是最主要的选择，一旦你决定吃什么味道的冰激凌后，余下的选择就会很简单，譬如要什么样的蛋筒，需要多少份，喜欢什么样的点缀。这就是一种浅层决策树结构，在快餐店选择套餐时我们所面临的也是这种结构。面对浅层结构的活动，我们只需要作出简单的选择，而不用深入地分析或规划。

有的时候，我们的行动需要很多步骤才能完成，但每一步都只有一两种选择，这样的结构就属于窄而深的结构。例如，如果你想发动汽车，你首先得走到汽车旁边，拿出车钥匙，把钥匙插入锁眼，转动钥匙，开车门；然后，把钥匙拔出来，进入车内，关上车门，系好安全带；接着，把钥匙插入点火装置，检查变速杆是否位于空挡，最后才将汽车发动。在这个过程中，虽然有一长串的具体步骤，但每一步都是固定的，没有多少选择的余地。

在高速公路上，有很多出口，开车的人必须事先想好要在哪一个出口离开高速公路，公路设计人员用了很多心思来帮助和引导司机，运用的就是窄而深的决策树结构。英国在设计 M 系列公路时，为公路上的每一个出口精心设计了六个标示牌。第一个标示牌位于距出口1600米处，除了提醒司机前方有出口外，还为司机提供了路线信息。第二个标示牌位于距出口800米处，上面写着该出口通往的主要城镇。第三个标示牌位于距出口400米处，上面写着下一个出口的位置。第四个标示牌位于出口处，为司机提供路线信息和可通往的几个城镇的名字。第五个标示牌位于出口外，再次提醒司机前方目的地的名字和距离。第六个标示牌位于出口的斜坡上，用不同的颜色标明出口处公路大转盘各个方向的路线信息。

打字机键盘的演化

在一百年前，打字机成为钢笔的取代者，就像我们今天的电脑一样得到迅速的普及，而这是众多发明家孜孜不倦地尝试和创造的结果。除了打字机的机械结构外，键盘是打字机不断改进的重点。

打字机键盘的设计经历了一个漫长而奇特的演化过程。早期的打字机键盘样式繁多，但主要有三种基本模式。第一种是圆形键盘，上面的字母按照 26 个字母的顺序排列。第二种键盘上的字母被排列成长长的一行，一些早期的键盘甚至还有黑白两种键，看起来像是钢琴键盘。第三种模式将字母按顺序排列成长方形。人们发现圆形键盘和钢琴式键盘使用起来很麻烦，而按长方形排列的键盘得到了广泛认可。

我们今天在电脑上使用的键盘继承了打字机的标准键盘，它是美国发明家肖尔斯于 19 世纪 70 年代设计的“qwerty”键盘（键盘上行左首 6 个字母分别为 q、w、e、r、t、y），又称“肖尔斯”键盘。虽然第一台打字机并不是肖尔斯发明的，但“肖尔斯”键盘打字机在早期机型中最为成功；由它发展出的雷明顿牌打字机，成为大多数手动机械打字机的原型。

“肖尔斯”键盘上的字母为什么会如此排列呢？主要是为了克服使用中出现的一个机械问题。人们发现，当打字员的打字速度太快时，铅字连动杆会撞在一起，将机器卡住。为了减少这一问题的出现，一个有效的办法是改变字母键的位置，比如在英文单词中，由于 i 和 e 这两个字母经常紧挨着出现，那就把它们排在打字机的两端，i 和 e 的连动杆也就不会相撞。“qwerty”键盘就是按照这一思路设计的。但其他的打字设备并没有完全采用“qwerty”键盘，例如排版用的莱诺铸排机采用的是“shrdlu”键盘，它是根据字母出现的频率来设计的。

机械打字机键盘的设计重点有两个方面，一方面是机械功能的实现，另一方面是克服操作中出现的各种机械问题。我们今天使用的电脑键盘当然不会面对如何实现机械传动，如何减少连动杆相撞现象之类的问题，但在当初的打字机上，退格键、制表键和字形转换键的出现都曾经是里程碑式的成就。

打字机键盘之所以延用至今，一个重要的原因是人们学会了盲打。打字机刚出现时，打字者要眼睛盯着键盘，并且只用一两根手指按键。后来，一位名叫麦格林的美国人改变了这一切，他将键盘上按键的位置默记于心，学会了在不看键盘的情况下，用十根手指打字。开始人们并不认可这种方法，直到1877年，在俄亥俄州辛辛那提市举行的全美打字比赛中，事实证明他的方法最有成效。一百多年来，打字已经成为秘书和所有需要与文字打交道的人必备的一种技能。

尽管工业工程学的创始人德沃夏克发明了一种比"qwerty"键盘更高效的键盘，可以把打字速度提高10%，但这不足以使德沃夏克键盘取代"qwerty"键盘，因为新的键盘的推广可能会让成千上万的人重新学习打字，厂家也得更换数以千万计的键盘。

谁用过这个键盘?

凡是走过的路，都会留下足迹。我们每天使用的电脑键盘也会留下抹不去的印记，科学家已经能够通过分析敲键盘的节奏和速度推测你的年龄、性别，还可以通过采集键盘上的细菌追查是谁使用过它。

最近，英国科学家麦锡恩教授在美国卡内基－梅隆大学做了一项有趣的实验。他请 51 名受试者分别键入同一组密码 400 次，然后运用 14 组侦测器进行观察，其中 11 组观察使用者敲击键盘的方式，3 组则是较为传统的异常侦测器，此外还用了准确度高达 ±200 毫秒的时钟。结果表明，他可以透过计算机键盘的使用节奏和速度，相当迅速和准确地推测出使用者的年龄、性别和文化背景等个人资料。

另一种方法也很新奇，根据美国微生物学家费荷和奈特最近在进行一项研究，可以通过收集和分析键盘上的细菌，鉴别出键盘使用者。近年来的微生物学研究表明，每个人身体中的细菌和微生物的 DNA 结构具有某种独特性，即使是双胞胎，肠内细菌的 DNA 结构也不尽相同。由此，人们皮肤上的细菌也带有个人独有的特征，手指所接触过的东西上留下的细菌也因此具有某种独特性，就像专属于他们的“指纹”一样；如果从键盘上采集到遗留的细菌的 DNA，在室温环境和没有受到蓄意破坏的情况下，可以通过分析微生物鉴别出近期的使用者。

美国哈佛大学微生物学家特恩博等人指出，人类其实是超有机体。如果将人类视为微生物细胞和人类细胞共生的组合体，人类基因在整体上就是人类基因和微生物基因的集合，人类的生命代谢同时包含了人类和微生物的特征。对人类与其共同生存的微生物的整体基因进行分析，比仅针对人类基因的分析具有更强的鉴别力。如果是这样，人体微生物特征分析可能会成为一种新的鉴别和指证犯罪行为的有效手段。

小猫，别踩我的键盘

如果你爱养宠物，是否遇到过小猫踩踏键盘的小麻烦。有一种名为“Paw Sense”的实用软件能帮你解决这个问题。它可以辨认是猫在踩键盘还是你在打键盘，会在猫咪踩踏时停止键盘工作，并且发出噪声警告猫咪不可以再踩。

此软件供应者宣称，这款软件具有保护计算机与教育猫咪的功能。

捕获和封存二氧化碳

2010 年 5 月 7 日，255 名美国科学院院士以个人名义在《科学》杂志上发表了一份关于气候变化的公开信。公开信强调：尽管自然因素一直影响着地球气候的改变，但是人类对气候变化产生的影响更大；在过去的一个世纪里，空气中的二氧化碳等温室气体浓度的增加大多是由于人类活动引起的，特别是由于燃烧化石燃料和砍伐森林；温室气体引起的全球变暖现象会导致许多其他气候模式变化，其变化速度是空前的；这些复杂的气候变化会威胁海岸和城市、食物和水供应、海洋和淡水生态系统、森林、高山环境等。

为了缓解气候变化，需要减少人类活动产生的温室气体，特别是二氧化碳。目前主要的二氧化碳减排方案是提高能源有效利用率，使用低碳能源、使用可再生能源或核能，利用森林和湿地汇聚二氧化碳。除此之外，科学家们还在试图捕获和封存二氧化碳。

捕获二氧化碳

为了捕获二氧化碳，美国、加拿大和瑞士苏黎士的几个研究团队开始研究一种二氧化碳过滤机。它的原理很简单：让空气进入一个容器，使空气通过一种可以与二氧化碳结合的化学吸附剂后，放出氮、氧等元素。从化学原理上讲，由于二氧化碳是酸性的，大多数吸附剂都是碱，两者反应后形成盐。例如，氢氧化钠（也就是苛性钠）是一种强力吸附剂，与二氧化碳结合后形成碳酸钠（纯碱）。碳酸钠还是碱性，可继续吸附二氧化碳，变成碳酸氢钠（小苏打）。

其实，用气体吸附剂除去空气中的二氧化碳已有数十年历史，在处理潜水艇和宇宙飞船上的人员呼出的空气时，已经使用了这种技术。目前已经研制出了一些二氧化碳捕集机，每天可捕获一吨到数百吨二氧化碳。其中一个由哥伦比亚大学设计的机型的结构和工作原理是：把吸附剂制成细小纤维，排列在宽1米，高2.5米的壁炉状滤网的平板上，再将这些过滤板直立起来，装在标准货柜上的水平圆形轨道上，使它围绕着轨道旋转，直接与空气接触。过滤板附满二氧化碳后，可从轨道上卸下，放入货柜中的再生室。附着在吸附剂上的二氧化碳在再生室中释放出来，并压缩成液态。将处理过的过滤板再装回轨道，继续捕获空气中的二氧化碳。二氧化碳捕集机捕获的二氧化碳可以通过管道送到地下，还可以用二氧化碳做原料来合成液态燃料——一氧化碳和氢混合物，又称“合成气”。

这项技术能否推广，关键在吸附剂的效率和成本。什么样的吸附剂比较好呢？化学家认为，好的吸附剂必须有够强的吸附力来捕获二氧化碳，但吸附能力又不能太强，否则再使其释放出二氧化碳的成本会太高。如果能找到合适的吸附剂，要想大致抵消全球新增加的二氧化碳排放，需要数以千万部的捕获机。

那个时候，如果外星人访问地球，一定会被这些布满全球、气喘吁吁的家伙弄得莫名其妙。

把二氧化碳封存起来

为了减少空气中的二氧化碳，人们已经开始探索将排放或捕获的二氧化碳封存起来。二氧化碳封存的办法除了将它储存起来之外，还包括使二氧化碳通过化学反应转化为固态的碳的化合物。目前全球有三个每年能封存 100 万吨以上二氧化碳的项目开始实施，另有十余个小型示范项目也在规划或进行中。如何封存二氧化碳呢？主要的封存方案包括：将二氧化碳封存在有很多空隙的地下含水层、煤矿中含有瓦斯的煤层、废弃或仍在使用的油气田、天然或人造的地下洞穴之中。此外，还能以固体水合物的形式将二氧化碳储存在海洋底部，或者利用碱性氧化物与二氧化碳进行化学反应，生成硅酸类等多种化合物，使二氧化碳固化。

二氧化碳封存涉及岩石力学与工程、地球化学、水文地质等科学领域，许多相关的科学问题还处于探索阶段，有很多问题亟待研究。例如：是将二氧化碳封存在地下含水层还是天然或人造洞穴中？用什么使二氧化碳转换为固态的化合物？二氧化碳封存与固化的物理和化学原理是什么？地下或海底封存二氧化碳的容量能达到多大？封存的二氧化碳是否会渗透、泄漏？是否会对环境造成破坏？如何降低封存二氧化碳的经济成本等等。

神奇的石墨烯

2010年诺贝尔物理学奖的主角跟我们特别熟悉的铅笔芯有关，铅笔芯的主要成分是石墨，是碳元素的一种形态，而这次获奖的是一种极薄的石墨片，只有一层碳原子那么厚，科学家称为石墨烯。

碳是地球上常见的化学元素，所有的生命和有机物中都含有碳，常见的碳的形态有石墨、金刚石和煤炭、木炭之类的无定形碳。后来科学家们在实验室中又制造出了三种特殊形态的碳：由60个或更多特定数量的碳原子像足球一样结合起来的富勒，一层碳原子像蛋卷一样转起来的纳米碳管，再就是石墨烯了。

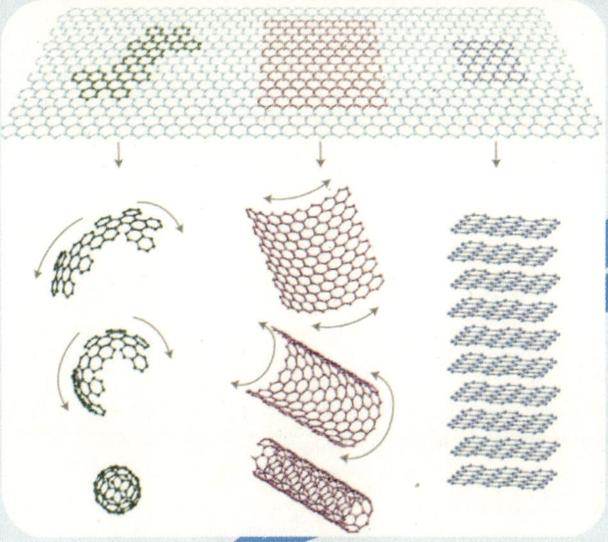

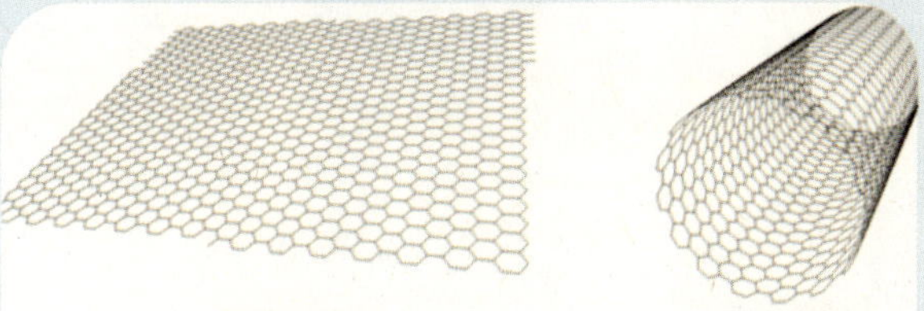

石墨烯　　　纳米碳管

石墨烯不仅具有新奇的形态，由于组成它的碳原子被压缩到一个平面上，使它展现出了很多量子物理世界的独特性质。石墨烯是目前人类发现的最坚硬和最薄的材料，它的硬度是钢的 100 倍，由于厚度仅为一个碳原子大，导电性能和铜不相上下，传导电子的速度比硅更快，它几乎完全透明，却又密实到连氦原子都无法穿透。这些卓越的性能使它成为未来的材料明星，因为透明度高，而且是优良的导体，可以用它制造触控式屏幕、光板、太阳能电池等产品；若将它和塑料混和，会产生易导电、耐热、抗磨耗等特性，这种强韧、轻巧、可延展的复合材料在将来或许可以用来制作卫星、飞机、汽车和超级防弹衣。

玩出来的诺贝尔奖

石墨烯的发现者是51岁的海姆和36岁的诺沃肖洛夫，他们原本都是俄罗斯人，诺沃肖洛夫起初是海姆的博士生，现在同在英国曼彻斯特大学担任教授。他们是一对天衣无缝的搭档，海姆是创意无限的思想派，诺沃肖洛夫则是实干实做的行动派。

海姆（左）与诺沃肖洛夫（右）在曼彻斯特大学门口

在一般人印象中科学家都很严肃，海姆和诺沃肖洛夫却相信“好玩”的重要性。我们都知道，玩的时候，总会学到些什么，而且不知道会有什么意想不到的结果。海姆是个喜欢天马行空的人，他的研究往往打破常规，包括让青蛙悬浮在空中、模仿壁虎脚制造胶带等等。他与合作者贝瑞一起，用磁性克服了重力作用，使一只青蛙悬浮在半空中，因此获得2000年的搞笑诺贝尔物理学奖。他们还推测使用类似的方法可以让人也飘浮起来。

这一次发现石墨烯就更加神奇了，他们只用普普通通的铅笔芯和随手可得的胶带就写下了科学的新篇章——由石墨分离出了石墨烯。铅笔芯含有石墨很平凡，但人们一直认为石墨烯这种晶体物质不可能稳定存在，因为它太薄了，海姆和诺沃肖洛夫却用普通胶带取得厚度仅一原子的碳片。

他们的发现说起来真的与科学游戏相似：把石墨分离成小碎片，从碎片中剥离出较薄的石墨薄片，然后用胶带黏住薄片两侧，撕开胶带，薄片就随之一分为二，不断重复这个过程，最后得到单层碳原子的石墨烯。在科学研究越来越依赖大型仪器设备的今天，他们却靠胶带拿下诺贝尔奖，实在不可思议。难怪诺贝尔奖委员会如此称赞这对师徒的无限创意：“他们把科学研究当成快乐的游戏，在过程中学习，不经意间就中了大奖。”

试管婴儿的诞生

罗伯特 · 爱德华与他的第一个成功案例。左为爱德华，右为已经长大成人的第一位试管婴儿路易丝 · 布朗(1978 年出生)与她的孩子，中为路易丝之母蕾斯利。

全世界有超过10%的夫妻无法生育。不孕对他们中的许多人来说是人生一大憾事，甚至可能导致终生的精神创伤。不孕曾经是医学无法提供帮助的难题，但试管婴儿的诞生却使这一问题得到了前所未有的改善。

试管婴儿

早在 20 世纪 50 年代，英国科学家罗伯特 · 爱德华就开始着手受精生物学的基础研究。不久他就意识到，也许可以通过体外授精解决人类不孕的难题。当时已有其他科学家将兔子的卵细胞放在试管中，加入精液后成功受孕并生出了小兔子。爱德华就想，同样的方法是否能应用在人类卵细胞受孕上？

首先，他和同事一起研究了人类卵子如何成熟，不同种类的激素如何催熟卵子，以及卵子适合授精的时间点。然后，他设法测定出在何种条件下人类的精子具备充分的活力、有能力和卵子结合。直到1969年，他使人类的卵子首度在试管中完成授精。

尽管取得了这一重大突破，另一个关键的问题却浮出水面：成功受精的卵子在单次细胞分裂后无法继续发育。爱德华猜想，那些在试管受精之前已在卵巢里成熟的卵子，或许能够更正常地发育，于是他开始寻求能够从人体中安全地取得这种卵子的方法。

他和妇产科医生史戴普脱取得联系，两人联手将试管授精从实验室研究推向临床。史戴普脱是腹腔镜手术的先驱之一，这项崭新的技术开创了使用光学仪器进行卵巢检查的先例。史戴普脱利用腹腔镜从卵巢取出卵子后，爱德华将这些卵子置入细胞培养皿，再加入精液。使用这个方法受精的卵子分裂几次后，形成一个八细胞构成的早期胚胎。

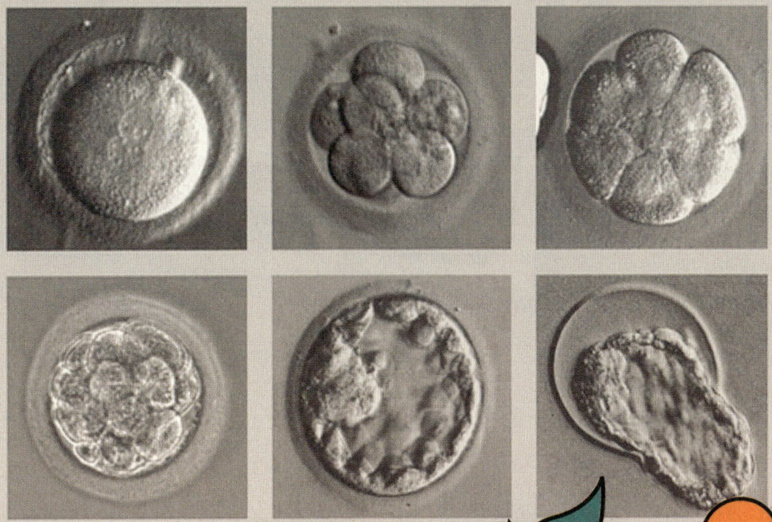

虽然这些早期研究很有潜力，但爱德华的研究却陷入困境之中。一方面，英国医学研究委员会决定不再资助这项计划的后续进行，幸亏有一笔私人捐款才使他的研究计划得以挽救；另一方面，在爱德华宣布要研究试管婴儿之后，引起了一片异议和争论，数名宗教界领袖、伦理学者和科学家要求中止计划，其他支持者则声援计划进行。

路易丝·布朗的诞生

第一个试管婴儿：路易丝·布朗（摄于1978年）

爱德华和史戴普脱在新资金的支持下继续开展研究。通过分析不孕者的激素浓度变化，他们测定出受孕的最佳时点，使受孕成功的概率提升至最大。1978年，一对英国夫妇莱斯理·布朗和约翰·布朗因在婚后9年一直未孕，接受了体外试管授精治疗。当受精卵发展成八细胞构成的早期胚胎时，被植回布朗太太的子宫中。经过足月妊娠，1978年7月25日，布朗太太剖腹产下一名健康的婴儿，这个婴儿取名路易丝·布朗。一时间，试管婴儿的理想化为现实，医学新纪元翩然而至。

爱德华和史戴普脱于剑桥创立的波恩霍尔诊所是全球第一所试管婴儿中心。在这里，培育试管婴儿的方法得到了不断的改进。一批又一批来自世界各地的妇产科医生和细胞生物学家在此学习、受训。到 1986 年时，波恩霍尔诊所已经为 1000 个试管婴儿接生，这 1000 个试管婴儿分布在世界各地的不同角落。

后来，科学家学会了将培养皿中的精子以显微注射的方式直接注入卵细胞，还能用超音波辨别出合适的卵子并用精巧的注射器取出，而不再需要风险高的腹腔镜。这些创新使试管中20%~30%的受精卵最终发育成新生儿，让试管婴儿技术成为安全而有效的疗法。

位于剑桥的波恩霍尔诊所

时至今日，大约有 400 万人托试管婴儿技术的福而诞生，更重要的是，试管婴儿和正常受孕出生的孩子一样健康。

跨越奇点的创意

科技创新有没有极限？科技发展能帮助人类克服环境、资源和社会发展中遇到的各种困境吗？虽然有不少人对此持悲观的态度，但也有不少乐观主义者认为，科技将成为一种拯救的力量。在 2005 年出版的《奇点已近》一书中，未来学家库兹威尔指出，科技的加速发展，将赋予人类应对未来的能力，科技正在使人类的发展迈向发生飞跃的奇特转折点，将来的计算机会比现今所有的人类智慧还要强大几十亿倍，由此将触发一场人类能力的巨大转变，到 2045 年左右，会让整个宇宙“觉醒”。

受此启发，戴曼迪斯等人创办了一所奇点大学。奇点大学的学生有商界和学界精英，其中不乏高级管理者和大学教授，当然也有很多充满创意的青年学子。这所独特的大学以拯救世界为目标，希望通过学费高达 25000 美元的创意夏令营课程，激发学员首先要认识到科技会以人们难以想象的速度呈现出指数式的增长，并在这种认识的基础上用想象和行动充分发挥科技的力量，产生面向未来的前瞻性创意，由此将学员培养成新一代的世界领袖。

奇点大学

异想天开的大学

奇点大学的使命是教育、启发未来的领袖，利用新奇科技解决贫穷、疾病与资源耗竭等全球最严重的问题。进入奇点大学的实验室，学生们就开始思考未来科技会带来哪些新奇的可能性，他们如何能运用这些可能性改善未来生活。在一间到处都是乐高机器人之类高科技玩具的房间里，激光扫过一个学生的脸，将她的特征扫描到笔记型计算机里。她的影像出现在屏幕上，稍加修改之后，就可以用通过一台与迷你冰箱差不多大小的机器，打印出 3D 影像。

一般的大学延续了过去两百年来的教育体系，不同专业的学生在一个小小的科目上钻牛角尖。奇点大学想彻底扭转这一局面，不再仅仅在一个专业上钻研深入，而是激发学生拓展视野，想象整个世界的未来面貌。为了实现这一目标，奇点大学引入了校外教学，让学生直接接触纳米科技、生化科技等十个尖端创新领域。这使学生们有机会参观著名的美国加州门罗公园的机器人研究实验室，亲手测试达·芬奇机器人外科手术系统，在无重力实验室中飘浮，甚至在美国航空航天中心坐上世界上最顶尖的仿真飞行器。

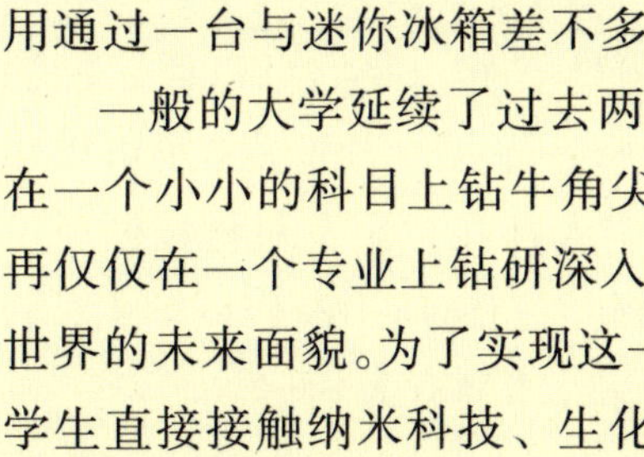

奇点创办人之一戴曼迪斯在无重力实验室

想象未来

在学习启发式的校内外课程之后的五个星期，学生们开始将他们对科技创新的无限想象付诸行动。他们分为五个组，分别探讨水、食物、能源、太空和垃圾转化等五大领域可能出现的革命性创新，他们的任务是构想出一个可以在10年内改善10亿人生活的营利或非营利计划。为此，来自非洲和欧洲的学生可能会致力于解决能源分配的民主化问题，来自南美洲的学生则在想方设法解决贫民窟的饮用水问题。经常会看到几十个学生聚集一堂，热烈地讨论科技创新可能开启的奇妙未来。

奇点大学充满了科技乐观主义。戴曼迪斯宣称：我们可以假定能源有朝一日无所不在，形同免费。从学生到老师，奇点大学都感染了可以化不可能为可能的科技乐观主义的热情，每个人都在意识上对科技创新可能带来的惊人变化有了思想上的准备。同时，戴曼迪斯不断告诫学生，创新愿景固然激励人心，但是你们得跨出第一步，才会有人相信。

改变世界

科技带给人类的不是想象中的乌托邦，而是改变世界。来自东欧的费德勒放弃了在布达佩斯的博士学位，投身他和他的团队的“阿卡萨”计划，这项计划的目标是使用混凝土挤压成形技术，像印刷3D模型一样为发展中国家盖房子，他们希望只用一天半的时间就能造出廉价实用的低能耗房屋。费德勒目前正试着为他们的科学合作伙伴争取更多的研究经费。

有的团队研究利用转基因技术在城市推广无土栽培技术，使餐厅可以直接加工自己种植的农作物。还有的团队提议向离地面很近的轨道上发射廉价的纳米卫星群，让它们一起执行几乎所有的太空服务。来自白俄罗斯的理论物理学家柴利亚柯维奇则计划研究由地面微波激光驱动的火箭发射器，这种发射器既廉价又对环境无害。

虽然并不是所有的计划最后都实际可行，但有些好点子已经开始受到关注，许多学生已经与奇点大学邀请来的专门支持创业的“天使投资家”会面。奇点大学对学生们灌输的最重要的理念是：为了以科技创新改变世界，每个人都可以放手一搏。学生们离校时，心里只有一个念头：我真的得做点什么大事才行！

当然，奇点大学的学生也意识到科技并非万能，创新必须面对更为深刻与复杂的挑战。奇点大学的一个课程成果是“四处闲晃”，这是用奇点大学赚得的种子基金开设的一个公司，目的是改变美国加州风景区及附近大学校园拥有私家车车主的态度，让他们在不用车的时候，将汽车租借给他人使用。这显然不仅仅是科技创新，而是一种文化创新。其目的是要建立起一个车辆零排放，而且没有私有车主的未来愿景。要达成这个目标，关键是让现有的个人拥有汽车的文化模式，转变为使用车辆的文化模式，“四处闲晃”公司就是开启这种转变的一个有益尝试。

不可能的科幻

科学离不开想象和幻想，很多今天的幻想，在明天有可能变成科学。美国科学频道科幻科学系列中有一个叫“不可能的物理”的电视节目。这个节目的主持人是日裔美籍理论物理学家加来道雄，这位一头银白卷发的科学家长得挺像科学狂人，他不仅精通高深的超弦理论，还是一个地道的科幻迷。让我们看看“不可能的物理”第一季的神奇内容吧！

坐在“时光旅行汽车”上的加来道雄

如何打造光剑

光剑不是当下各国正在研制的激光武器，而是星际大战迷梦寐以求的神器。光剑也不是演唱会上五彩缤纷的光束，而是可以纵横宇宙、横扫太空的高能量武器。不管怎样打造光剑，能量来源是关键，认真想想怎么设计还是很有意思的。

穿越时空的旅行

在经典电影《回到未来》中，福克斯只靠一台改装的老爷车就实现了时空穿越，但真的能像电影中那样用闪电让老爷车超越光速吗？至少这违反了爱因斯坦的相对论原理。在人类飞行器的速度还远远低于光速的现在，最可行时空穿梭机只能在电脑上模拟了，让电子小宠物穿越时空，时而返老还童，时而回忆未来，似乎是一款不错的休闲小游戏。

如何制造飞碟

很多人都声称看到过飞碟，但结果大多是光与影的错觉。如果真能制造出一个可以乘坐的飞碟，至少可以证明宇宙中有可能存在这种飞行器。不管怎么样，你还是可以想想怎样设计一个飞碟，比方说飞碟侧面的曲线是什么样子才可以提供较大的升力，再比方说用什么材料制造飞碟，还有如何保持飞碟内部不旋转以便于人乘坐，等等。当然，你可以进一步想想，如果飞碟制造成功了，是不是可以用它替代汽车，那时又需要制定什么样的交通规则呢？

力场防护罩

力场防护罩就是在需要的时候可以用它把力挡在外面。如果你有力场防护罩，就可以不怕任何力量了，什么重力、磁力都可以让它们止步不前。有了它，星际航行的宇宙飞船可以免受陨石和任何武器的攻击，也可以不受巨大星体的引力的影响。穿上力场防护罩，你可以像仙子一样飘来飘去，就算遇到台风也能稳如泰山。

远程传输

不受距离影响而瞬间移动到另一个地方，这就是神奇的远程传输。这是每位科幻迷心中时常涌现的美梦。在量子力学实验中，科学家已经可以通过量子纠缠实现几个粒子状态的远程传输。如果要把人体的信息一瞬间传输到远处，当前的技术还很困难，因为相关的信息处理至少需要好几亿 G(吉)的内存处理一年，实际传输速度还赶不上走路。这个技术一旦实现，你就可以复制好多自己，同时在不同的时空扮演多个角色。

穿透弯曲的宇宙

宇宙太辽远，星际航行几乎成为生命无法完成的使命。好在爱因斯坦的广义相对论告诉我们时空是弯曲的，霍金的量子宇宙学揭示了穿越时空的虫洞。受此启发，《银河系漫游指南》等科幻小说中认为我们可以利用时空的翘起和弯曲进行一种超空间跳跃，快速移动到宇宙的边缘，但就像跳高一样，需要巨大的能量才能产生足够的爆发力。美国国家航空航天局曾试图开发这项技术，但目前还没有取得突破性的进展。

平行宇宙中的穿行

在动画片《哆啦 A 梦》中，大雄穿过神奇的镜子发现有另一个相反的世界，在里头他不被人欺负，头脑又聪明，这就是一个“平行宇宙”的故事。不管能不能实现平行宇宙，我们可以设想一下，当我们在平行宇宙中穿来穿去的时候，我们会怎样看待自己在不同宇宙中的不同角色？

变成超级英雄

动漫英雄钢铁侠、蝙蝠侠的能力往往是来自强大的装备。设想一下，如果你想变成纵横宇宙的超级英雄，希望穿上什么样的装备呢？有没有想过只要穿上一种万能衣，就可以像孙悟空那样上天入地下海来去自如，纵使上刀山下火海，钻进太上老君的八卦炉仍毫发无损？科学新星纳米科技能帮助我们找到这种超级材料吗？

科幻机器人

科学家和工程师们正在制造各种各样的自动和智能机器人，他们眼下的主要目标是，让机器人具有人工智能。科幻中的机器人与现在制造出的机器人的最大不同是，他们还像人一样具有情感、信念和欲望，《银河系漫游指南》里甚至有一个得了抑郁症的机器人名叫马文。如果是那样，人类社会可能会发生巨大改变。或许有一天，机器人像《玩具总动员》中的巴斯光年一样自以为是人，而人们也可能搞不清他周围的朋友到底是人还是机器人。

《银河系漫游指南》中有抑郁症的机器人马文

如何变成隐形人

这个主题让人立刻联想到科幻电影《透明人》：在美国的一个高度机密的军事实验室中，一群才华横溢的年轻科学家揭开了隐形术的秘密。他们用动物做实验获得了成功之后，傲慢的研究小组头目塞巴斯蒂安不顾危险，决定吃下隐身药丸做人体隐身术实验。小组成员成功地将塞巴斯蒂安变成透明人，但却不能再将他恢复原形。于是大家决定寻找“解药”。然而，塞巴斯蒂安已经渐渐对自己隐形所带来的前所未有的能力而陶醉不已，他可以为所欲为而不被别人发现。他甚至觉他的同事们正在做的挽救他的工作是对他的威胁，因为他已经失去了理智……

也许你会说喜剧片《特务行不行》里的高科技隐形斗篷更可行，照理讲利用光学原理可以让人隐形，但用什么做光源能让你在光天化日之下隐身遁形呢？

星际战舰

如果有一天真有火星人来袭，怎样建造一艘可以保卫地球的星际战舰呢？当然它要具有最佳的进攻武器和防护手段。最好的进攻武器应该是激光炮或电磁炮，因为核武器虽然强大，但一旦遇到袭击，反而会伤及自身，而且核武器还会污染整个太空环境。最好的防护手段当然是力场防护罩，但那也是需要能量才能运行的。

炸掉行星

在科幻作品中，有时候会出现一些毁灭性武器，可以一举将小行星化为碎片。为了说明这些武器的原理，《机动战士高达》系列中甚至虚拟了一种科学——米诺夫斯基物理学。这种虚构的物理学发现了米诺夫斯基粒子，米诺夫斯基粒子可以携带正负电荷，静止质量接近零，当动能增加时像其他粒子一样质量也增加，大量的米诺夫斯基粒子可压缩为不带电荷的米加粒子。虚构的武器米加粒子炮就是用米加粒子做炮弹，发射出的米加粒子集束具有高速度高能量，由于米加粒子的电中性，不会受电磁场影响而偏转，同时也能轻易地贯穿各种装甲。

异想天开的宇宙行动

浩瀚的宇宙是科学探索的永恒对象，也是人类的异想天开得以发挥的天堂。

在500多年以前，没有现代轮船所需要的动力，没有发动机，没有涡轮，有的只是大洋上的风。哥伦布征服大海，发现新大陆，就是利用了风，用的工具是风帆。现在我们的新航路是浩瀚的宇宙，那里也有一股风——太阳光，万事俱备，只是需要一面太阳帆。

当我们驾着车在公路上行驶的时候，要是发现油不够，就要去加油站加油。要是我们在太空中驾着飞船航行的时候，要是发现能量不够了怎么办？太空中可不可以建立加油站？

还有，如果有一天，小行星突然来袭，我们又怎样化解危机？

太阳帆推动的宇宙飞船

从太空旅行成为现实的那一天起，人类通往宇宙就只有一种方式，那就是依靠火箭推进器。然而，太阳帆技术却为人类提供了另一种选择，并被科学家认为是人类太空船进行星际旅行的最大希望。因为它无须燃料，只要有阳光，它就能不断获得动力加速飞行。阳光是一种取之不尽的能源，从这一点上来说，远距离的太空旅行中使用太阳帆比使用传统的火箭推进器要更胜一筹。

100多年前，爱因斯坦就告诉我们光是由细小的被称为光子的能量团组成的。当光射到光滑的太阳帆上时，就会像从墙上反弹回来的乒乓球一样改变运动方向，同时也给太阳帆一个反作用力，这个力可以驱使飞船前进。

不过，地球离太阳太遥远了，在地球轨道附近，太阳射过来的太阳光在1平方米的太阳帆上产生的推力还没有一只蚂蚁的重量大。为了让飞船获得最大限度的动力，就必须把太阳帆建得很大很轻，而且表面要十分光滑和平整。

前几年美俄曾联手发射太阳帆飞船宇宙一号，虽然由于运载火箭出现故障而没能一展其奇妙的风帆，但是我们还是可以从科学家的设计上来看看它的飞行能力。

仅重50千克的宇宙一号由8片长度约为15米、总面积达600平方米的三角形聚酯薄膜帆板组成。这个帆板虽然比普通的塑料垃圾袋还薄，但却坚硬无比，它的表面涂满了反射物质，在太阳光照射到帆板并反射的过程中，会像风一样给帆板一个推动力，推动太阳帆前行。当飞船被火箭送到了指定位置，飞船将向桅杆充气，折叠的帆板会像花瓣一样展开，太阳帆飞船由此开始运行。虽然这种太阳风只能使太阳帆飞船的速度每秒增加一毫米，但到第一天结束时，太阳帆的速度将达到每小时160.9千米；到第100天时，它的速度就到了每小时1.6万千米。如果宇宙一号能持续飞行3年，速度预计是每小时16万千米，相当于人类的宇宙探测先驱旅行者号探测器飞行速度的3倍，这是人类任何飞行器都没有达到过的高速。

不可思议的航天飞缆

太空飞船在每次执行航天任务时，都必须携带足够的能源以完成各项工作。否则像添加燃料这样的事情都必须采用货运飞船供给方式，费用非常昂贵。最近科学家将目光投向一种还处于实验测试阶段的新技术——航天飞缆。

所谓航天飞缆，指一种采用柔性缆索将两个物体连接起来的系统，简称EDT。如果缆索是导电的，整个系统就成为一种电磁缆索，它可以利用磁场会对导电的缆索施加作用力的特性，来实现与旋转的行星交换动量的过程。

比如在朝东方向并处于地球低太空轨道上的EDT，受到地球地磁场磁力线的切割，电子从缆索的顶端向下流动，受力方向与运动方向相反，这样EDT受到类似空气拖拽的阻力，缆索系统的轨道高度受此调节会降低。相反地，如果通过光电池组或其他电源，逆转EDT的电流方向，将会使缆索系统受到与其运动方向一致的推进力，从而提升其轨道高度。

航天飞缆还可以用来清除太空中失效的卫星和废弃的前级多级火箭等太空垃圾，通常这些危险的太空碎片可能需要好几百年才能落下来。如果在发射的卫星中装上EDT，在其使用期限快结束时打开EDT装置；或者利用机器人搜集到这些太空垃圾后，将它们送至一个轨道缆索系统上，阻力效应便可以加速它们重新返回大气层的时间进程。

小行星拖船的紧急作业

看流星雨对于很多人来说是一件很浪漫的事情，可是对于一些科学家来说，那里面可能蕴含着灾难。每个夜晚平均有 1 亿多块太空碎片闯入大气层。幸运的是，这些碎片大多数只有小卵石那么大，和地球的大气层发生剧烈摩擦后，只是留下一道道“流星”明亮的尾迹。但是当更大的天体撞入时就会发生灾难，一颗百米宽的小行星直接撞上地球将会摧毁一座如北京这样大的城市，要是一颗千米宽的小行星撞上的话，那可能会导致整个人类文明的毁灭。很多科学家认为 6500 万年前恐龙灭绝就是缘于这样的一次大爆炸。

人类能够防止这种飞来横祸吗？科学家们提出了种种方案来使飞向地球的小行星偏离轨道，从而避免和地球相撞。最开始提出的是“核爆炸”的方案：在小行星的表面引爆一个核武器，产生巨大的冲击波，这样通过反作用力就可以将其推离原来的路线。现在科学家们越来越清醒地认识到，好多小行星不过是由松散的碎石聚合而成，一次爆炸即使将它们打碎不一定改变其飞行路径，形成碎片堆后可能会更糟糕。因此，人们必须想出新的办法，来应付这些“飞来横祸”。

首先要明确的是，地球不会与小行星相遇的条件是什么？地球沿公转轨道运行的速度是每秒 29.8 千米，而地球的直径是 12800 千米，地球运行一个等于其半径的长度需要 215 秒。也就是说一颗小行星飞来，我们面临的挑战是改变小行星在太阳系内的轨道周期，即绕太阳一周的时间，使它到达会合点的时间提前或是拖后 215 秒，这样地球才能避免这场横祸。当有一颗小行星将撞上地球，我们要提前 10 年就探测到它，这个要求按现在的技术不成问题；假设小行星的轨道周期为两年，只要使它的速度改变 1 厘米 / 秒，它的轨道周期就能延长或是缩短 45 秒，10 年后就是 225 秒，到时候它将从地球旁边呼啸而过。

基于这样的理论分析，曾经在国际空间站工作过的美国华裔宇航员爱德华 · 卢和同事斯坦利 · 拉夫在《自然》杂志上发表了对付小行星威胁的新方案：在确定了会撞击地球的小行星之后，可以向这颗小行星表面上空发射一艘太空船。这是一种安装了能喷射等离子体的核能发动机的太空拖船，能对小行星施加一个轻微的推力，逐渐改变小行星的飞行速度，也就是改变了它的轨道周期，日积月累，使它偏离与地球的会合点。美国国家航空航天局也正在尝试设计这种核反应动力系统，以期用在星际太空飞船或是太空拖船上，计划在 2015 年前实现。

神奇的网络机器人

人们都说，在网络上，没有人知道你是一个人还是一条狗。你可能会觉得言过其实。但是，在网络上确实出现了一种具有人工智能的信息代理——网络机器人，能够跟你聊天。

会聊天的网络机器人

网络聊天已经成为一项深受人们喜爱的娱乐活动。微软、方正等公司曾推出过可以聊天的网络机器人。

下面是一个叫 donkey 的网友与微软的网络机器人 Encarta 的聊天记录。

donkey 说:
who are you？(你是谁？)
Encarta® Instant Answers 说:
I'm Encarta® Instant Answers! I'm a smart computer that can bring you Encarta answers directly in this IM window!
You can type "?" for a list of questions I can answer.
它会告诉你它是智能聊天机器人，名字叫Encarta，有什么问题尽管问它，来试试:
donkey 说:
do you love me？（你喜欢我吗？）
Encarta® Instant Answers 说:
I do indeed.（当然。）
donkey 说:
are you stupid？（你很笨吗？）
Encarta® Instant Answers 说:
What do you think? Am I?（你认为呢？我真的很笨吗？）
donkey 说:
yeah.（是呀。）
Encarta® Instant Answers 说:
What? Aren't we going to be friends?（什么？我们还要做朋友吗？）

看来一般的问题它都能轻松自如地回答。这种聊天机器人只是如今众多五花八门的网络机器人中的一个。网络机器人可用于网络搜索引擎、数据资源共享、远程的家庭护理甚至为小孩唱摇篮曲，也可以按照用户的私人偏好自动寻找网页、比较股市价格浮动甚至监视哪个家伙在散播谣言。它们的共同点就是由网络控制，只要在用户计算机上有平台或者终端运行它就行了（MSN 就是 Encarta 在你计算机上的运行平台）。但这些机器人软件也可以“不吃不喝不睡”地制造麻烦，发垃圾邮件、破坏资料、盗取资料、无休止地消耗资源也是它的拿手项目，有的公司干脆用网络机器人来充当间谍，搜集商业机密。

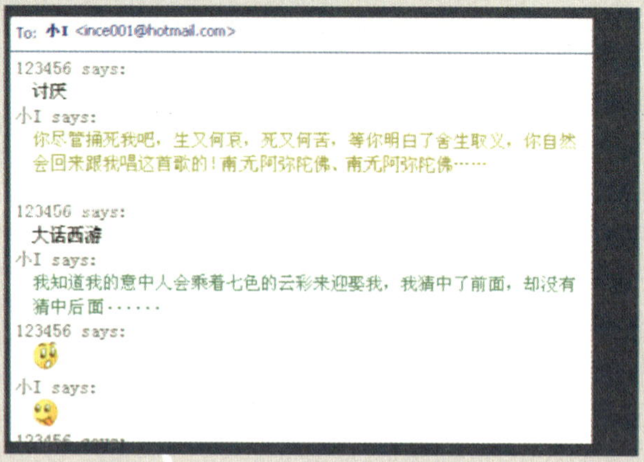

照如今网络的发展速度和人类越来越懒惰的趋势，今后所有网上冲浪的人都可能会运用机器人软件来处理各种日常事务，那时恐怕不再是人在上网，而是各个网络机器人在网上游走、搜索、下载或者对骂乃至PK，带来方便的同时也必然减少了许多寻找、亲身参与的乐趣。

有趣的是，由于网络机器人具有学习功能，他们甚至会学坏。清华大学图书馆推出的网络机器人“小图”就曾因为被网友的不文明语言“教坏”，一度暂停服务。

机器能够拥有情感吗？

电视机、空调、计算机等机器作为人类不知疲倦的“仆人”，每天都在完成许多繁杂和劳累的体力或脑力活动，提高工作的效率，也丰富人们的娱乐。但是，人们只是被动地去适应它们，你要睡觉时，电视机是不会像个乖小孩一样自动关闭的。如今，很多科学家正在研究如何使机器更加人性化，甚至拥有情感，有时也能耍耍“小孩”脾气。

让我们先看看 MSN 的网络聊天机器人
Encarta 的情感世界:
donkey 说:
you are stupid(你有点笨)
Encarta® Instant Answers 说:
Well, nobody's perfect.(人无完人吧)
donkey 说:
you are really stupid(你真的有点笨)
Encarta® Instant Answers 说:
I'm sorry to hear that. I hope you change your mind.(听到这
我很难过,我希望你能改变你的想法。)

看来 Encarta 真的生气了。很明显, Encarta 总比 QQ 自动回复回答“我吃饭去了”来得生动可爱。这种有情感的机器人设计起来还是比较容易的,只是将某些特定的词像“stupid”输入系统中,定义为骂人的话,遇到这种情况就反击。对大多数机器来说,情感化就是一项烦琐无比的工作,但造出恐高的吸尘器、怕黑的台灯、喜欢晒太阳的芭比娃娃绝对不是不可能的,能听能看能感知的情感机器系统已经处于初期研发阶段,毕竟钢筋混凝土的世界太冷清也太无趣了。染色体承载生物体内繁衍下一代的所有遗传信息,而韩国科学家金中焕在 2005 年前后已经设计出了让机器人具备类似人类“性格”的“人造染色体”,下一个目标是让机器人拥有“性别”,从而让它们能够“传宗接代”。很难想象机器人以后要叫“男机器人”和“女机器人”,或者那时还说叫它们是机器吗?

如今的科学技术,不怕你做不到,就怕你想不出,机器情感化也只是时间的问题。恐怕不久以后已经不需再问机器是否能够拥有情感了,而是另一个更像哲学的问题:机器应该拥有感情吗?拥有感情后还能照着人类的思想行动吗?谁又能保证机器心甘情愿地做个一辈子任劳任怨又任人宰割的连物种都称不上的东西呢?或许机器一旦有了较高水平的情感后,就离《终结者》里核战爆发后人与机器人对决的世界末日不远了吧。

用电脑放飞想象

电脑能够用来做什么？上网、写博客、做作业、聊天，等等，这些都是不言而喻的。但你知道吗，你可以坐在家中用电脑搜索外星人，还可以用它帮助你的亲人和朋友控制饮酒。

在家搜索外星人

知道吗，你在家里用普通的个人电脑就可以参与搜索外星人的计划！

这个计划叫 SETI@home，是 Search for Extra-terrestrial Intelligence at Home 的缩写，原意是“在家里搜索地外文明”。该计划认为，先进的外星文明只要进入无线电时代，就会像地球一样有电磁辐射从他们居住的星球泄漏出来。或者，为了试探宇宙中是否还有其他智慧生命，“外星人”很可能正在主动地发送信号。

位于加州伯克利大学（UC Berkeley）的 SETI 研究所通过对阿雷西博(Arecibo) 射电望远镜采集的信号进行分析，希望从中寻找外星人的蛛丝马迹。据估计，计算机要完成 2.4×10^{12} 亿到 3.8×10^{12} 亿次浮点运算，才能完成一个工作单元(大约 0.25M)的分析。要想完成这样的运算，必须要一台完全难以实现的超级计算机来完成这个工作。

SETI 研究所根本不可能建造或者购买这样的计算机，因此他们采取了另一种平衡的方法。那就是用比较小的计算机而花更多的时间来完成这个工作。但新的问题是，他们怎么去找到大量的小型计算机来同时处理不同的数据呢？

SETI 计划的成员注意到网络上已经有成千上万的计算机是可以利用的。这些计算机中有很多通常是什么也不做，只是在运行屏幕保护，白白地浪费电。因此，SETI 研究所希望能够通过借用网上闲置的计算机来完成这个既有趣而又十分困难的任务。由于要被分析的数据可以很容易地被分解成很多小的数据包，这些数据包之间是相互独立的，可以同时被处理。因此，SETI@home 网络也就产生了。

SETI@home 网络的大致流程是这样的：

1. 研究部门将具有巨大运算量的任务以程序和数据的形式提交给服务器。

2. 服务器将数据和程序代码分成更小的部分，也称“子任务”。

3. 在 PC（个人计算机）上安装一种特殊的客户程序，它们能自动同服务器联络，自动下载和处理子任务。

4. 子任务处理完后的结果被送回服务器。然后，客户程序下载新的子任务，继续处理。

5. 一旦所有的子任务处理完毕，服务器就将各种结果汇总，生成最后的报告，并把最终结果提交。

每台安装了 SETI@home 软件的电脑都可以自动下载这些数据，以运行屏幕保护或者后台程序的方式参与数据分析。从 SETI@home 项目正式启动以来，目前已经有 226 国家和地区，超过 500 万的个人和团体参加了这项浩大工程，他们从指定的站点下载射电望远镜收集的信息的片段，用自己的计算机运行分析，总处理数据量达到了 15T（太）。使用的 CPU 时间超过 224 万年，如此多电脑联合起来，已经超过了世界上任何一台超级计算机的处理能力。

随着普通计算机运算能力的增强，天文望远镜的改进和网络技术的发展，SETI 研究所的科学家们越来越乐观地相信，他们能够在不久的将来找到来自宇宙的“人造”信号，以证明在浩瀚的宇宙中人类并不孤独。

用电脑控制饮酒

我的朋友很多，没事就聚在一起喝两杯，不过有一件事情却让我苦恼不已，我被他们称为“一瓶就倒”，没办法，酒量小。最要命的是朋友们都很豪爽，端起杯子就干了，搞得我不多喝就觉得不好意思。于是每次喝得脑袋晕沉沉地倒在床上，难受的同时，发誓下次一定要控制自己。

誓言总是不够牢靠的，真到了下次又忘得一干二净。其实可以让电脑来控制该喝多少。软件工程师迈克·威克尔利将一台装有 Linux 系统（与 Windows 并列的操作系统，最大的特点是它的软件完全免费，深受编程爱好者的喜欢）的电脑与家里的啤酒冷藏箱连在一起，做成了一个简单的啤酒监控器，它可以控制啤酒箱的“钥匙”，能记录你的酒量、最近喝酒情况。譬如在你喝了两瓶后还想喝酒的时候，它就会告诉你：你的酒量快到你肚皮容量上限了，啤酒箱龙头便撇一撇嘴拒绝打开。

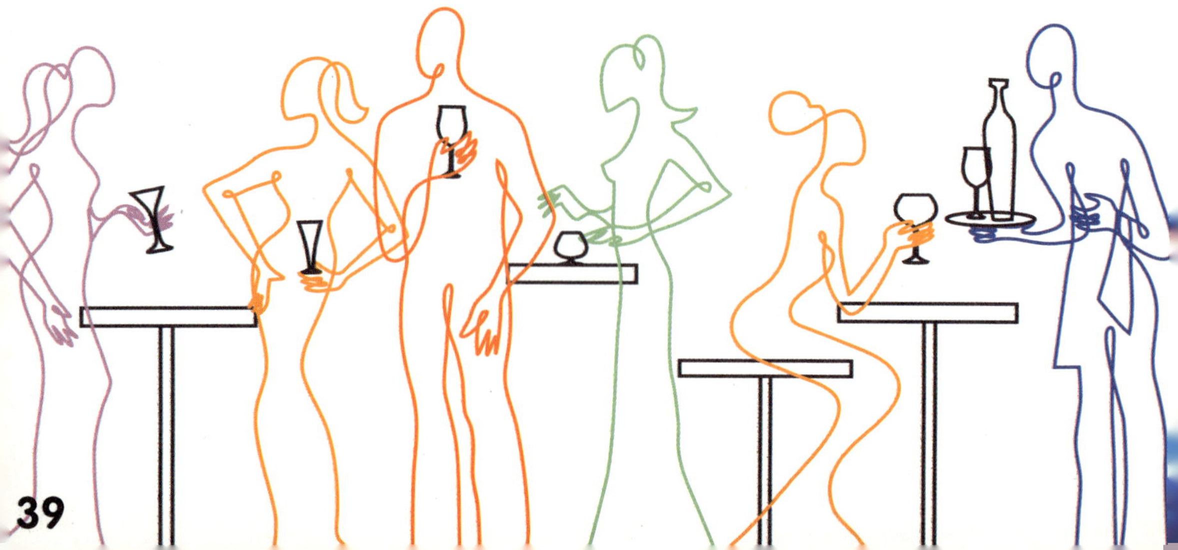

这种啤酒控制器的制造和工作原理其实都比较简单：

1. 标准的啤酒桶是用二氧化碳气体（啤酒中的气泡就是二氧化碳气体，香槟有那么多泡沫就是二氧化碳比啤酒多了 3 倍）产生压力，受压的啤酒往龙头处挤，在桶和龙头处接一个流量计计算啤酒桶里的酒量，这个值将直接反映到连接的电脑上，在桶空的时候还能提醒你换一桶。当然，要精确测量还是很难的，流量器的转轮本身就会带来很多泡沫。

2. 在桶外还有一个简单的数字身份认证按钮，每个人输入不同的数字，计算机就会核对存在电脑里的信息查出你是张三还是李四，你的酒量是一桶还是一瓶，今天已经喝了多少了。

3. 如果它觉得你还能再来两杯它就控制龙头放酒了，倒出多少计算机都会记录下来，记在你的啤酒账上。或许下一次它就只能倒出半杯，然后就不见动静了，你无可奈何，除非修改你的信息譬如跟它说你的酒量提高了，这时候完全就看你自己是否诚实了，或许你根本就是想喝醉才修改。如果是这样，你又何必把自己交给这么一个控制饮酒的“朋友”呢？

或许这种啤酒监控器还应该考虑有保护自己的功能，很多喝过头的人要是被人告知喝过头不准喝了，脾气暴躁点的大有可能把啤酒监控器砸了自己倒啤酒。这个时候啤酒监控器应该自动“投降”开酒或者伸出一“拳”打倒晕头的主人让他安安静静地躺下休息。

重现昨日的风采和音韵

人类创造了很多美好的事物，但随着时光流逝，无数恢宏无比的伟大建筑已荡然无存，很多令人叹为观止的文化遗产也在风吹日晒之下失去原貌。从埃及的金字塔、狮身人面像到希腊的雅典卫城和中国的万里长城，诸多世界著名历史建筑无一不在承受岁月的侵蚀。要对这些文化遗产进行修复是耗时费力的巨人工程，好在我们现在可以请激光帮忙，先“记住”它们的美好容颜，留待将来的能工巧匠还其往昔风采。

扫描总统山巨像

美国拉什莫尔山国家纪念公园，俗称美国总统山或美国总统公园，座落于南达科他州基斯通附近。公园内有四座高达约 18 米的美国前总统头像，他们分别是乔治·华盛顿、托马斯·杰弗逊、西奥多·罗斯福和亚伯拉罕·林肯。这四位总统被认为代表了当时美国建国 150 多年来的历史，每年大约有两百万游客来此观光。但这些完成于 1941 年的石雕巨像也遇到了损耗变形的问题。最近来自苏格兰文物局和格拉斯哥艺术学校的一个研究团队启动了一个拯救世界历史建筑的项目，试图使用先进的激光扫描技术绘制全世界文物遗址的三维图像，总统山巨像被列为首批拯救对象。

他们使用的三维激光扫描设备是由一个叫赛克（CyArk）的国际非营利组织提供的。该组织提供这些设备的目的是通过三维激光扫描和相关技术来收集文化遗址的有关数据，然后用计算机进行数字模型处理，以保留和再现遗址的状况，并为遗址的管理和相关研究以及日后修复工作提供依据。苏格兰的团队计划利用赛克的三维激光扫描仪，将华盛顿、杰弗逊、老罗斯福与林肯的总统雕刻立面制作成模型，将来即使原物遭受侵蚀，这些模型也可协助建筑师照原样进行精确的修复。该团队的队长米歇尔表示，他们是第一个将这项技术应用在历史遗址上的团队，他们可以对每个巨像挑选出数百万个定位点，并将测量误差控制在3毫米以下。如果这个项目获得成功，受到酸雨侵蚀的希腊雅典卫城、意大利罗马的古代地下墓穴、柬埔寨的吴哥窟、南美洲的玛雅遗迹、印度的泰姬陵和中国的龙门石窟等历史遗迹将成为下一批的受益者。

另一个由哈瓦斯博士率领的队伍最近也完成了埃及狮身人面像与吉萨金字塔的扫描，并将图坦卡门墓与其他位于国王谷地的陵寝列为下一批目标。

- 美国总统山
- 埃及金字塔
- 中国万里长城
- 中国龙门石窟
- 印度泰姬陵
- 希腊雅典卫城
- 柬埔寨吴哥窟
- ……

重拾古琴音色

世界上最著名的小提琴出自 17 世纪意大利制琴大师安东尼奥·斯特拉地瓦利(Antonio Stradivari)之手，斯特拉地瓦利小提琴的音色超凡绝伦，而当时精湛的制琴工艺早已失传。为什么他制作的琴会如此非凡出色？有人认为斯特拉地瓦利小提琴取材自古教堂的横梁，也有人认为制作小提琴的木材曾经在特殊的溶液中浸泡过……近一百年来，很多乐器专家和科学家不希望它真的成为千古绝唱，一直在努力探究制作斯特拉地瓦利小提琴的奥秘，产生了"油漆说"、"木材说"等科学猜测。

1902 年，英国希尔兄弟在《斯特拉地瓦利的一生与工作》中指出，斯特拉地瓦利名琴的秘密在于它使用的漆具有特殊配方。1979 年出版的名著《斯特拉地瓦利的秘密》一书中，研究斯特拉地瓦利提琴的专家沙科尼进一步指出，化学家分析斯特拉地瓦利提琴面板的材质，发现面板涂有一层含硅及钙元素底漆，它们可渗透进琴板里，填充木材组织空隙，增强了琴板的硬度，有利于增进琴板的振荡幅度，加大振荡的灵敏性和音响的反应。他还指出古时意大利有在漆里添加葡萄藤灰烬的做法，而灰烬含硅及钙，所以猜测底漆中的硅及钙是来自于葡萄藤灰烬。此外，英国剑桥大学的化学家用电子显微镜及特殊的 X 光装置，分析斯特拉地瓦利提琴的面板油漆，也发现面板与油漆之间有一层薄薄的物质，这层物质的主要成分是大师生前所住克雷蒙纳一地的火山灰。他们揣测，大师在制作名琴时，上漆前先涂上一道底漆，火山灰可能是其中一部分。

2003 年夏天，美国哥伦比亚大学的古生物学家柏克尔和田纳西大学树木年轮学家桂西诺梅耶发表的一篇论文指出，他们发现斯特拉地瓦利生活在欧洲的“小冰河期”(1645-1715)。在这段时间内，由于太阳黑子活动减弱，欧洲大陆的气候寒冷而潮湿，平均气温比现在低 1℃。海拔高的阿尔卑斯山地区的树木生长缓慢，生长出的木材较为坚硬，材质的密度较高，用这些木材制作的提琴共鸣强、音质也较好。他们猜测，斯特拉地瓦利就是用阿尔卑斯山精选的云杉来制作提琴面板的。

最近，又有研究指出，斯特拉地瓦利提琴绝妙的音色很可能是借助了真菌的作用。我们都知道，小提琴发声的原理是通过拨动琴弦，引起琴面和琴身内部的空气振动，产生共鸣。进一步的研究表明，木材传递声波的速度与木质的密度之比越大，木材传送声波的效果越好，声音越洪亮。瑞士研究人员发现，在真菌作用下，木材的细胞壁会变得松弛，但不会分解木质素组织，因此木材的密度虽然减小了，但不会降低木质的传声速度。他们意识到，真菌作用或许有助于制造出音质优美的小提琴。

他们找到制作小提琴面板用的挪威云杉和制作尾木用的美国梧桐，让真菌在它们上面生长，经过二十个星期之后，木质密度降低了百分之十以上，木质结构并未被明显破坏，但声音传送效果却提高了。经过真菌作用的木材，制音效果更佳，所制造的小提琴音色变得浑厚而圆润。而且，真菌培养时间越长，音质越好。来自慕尼黑的制琴师跟他们进行了合作，结果发现，按这种方法制作的提琴，不仅听起来音质优美，看起来也色泽迷人，略偏金黄色，就像是一只高级的意大利制古琴。

乌贼为何色彩斑斓

乌贼也就是我们通常说的墨鱼。如果你看到过水族馆中的乌贼，一定会被它身上斑斓的色彩所吸引。在众多的海洋生物中，乌贼完全算不上强者，但作为弱者，它也有自己寻求生存的法宝。除了向水中喷“墨”这一金蝉脱壳之计外，它身上穿的“迷彩服”也使敌人不易发现它的存在。

先天还是后天

乌贼身上有特殊的花纹，像“迷彩服”一样，这使得它很容易与周围的色彩混成一片，使它不容易被发现。那么这些特殊的花纹是它们从父母那里遗传来的吗，或者说是天生的吗？

我们知道，生物的有些特征和行为是先天的，像哺乳、进食、行动或游泳等动物行为就是由基因决定的。健康和正常发育的生物，成长到一个阶段，一些先天的特征和固定的行为方式就会出现。这些特征和能力多半与发育和生存有关，如男生长喉结，鱼类游泳等，不大受环境影响，也不需要学习。

同时，生物的有些特征和行为会受到后天的成长环境的影响，像学习、记忆、交往、猎取食物，等等，往往需要外在经验和学习。随着经验的累积，动物的神经系统会受到不断的刺激，从而逐渐发展出对特定刺激的特定反应。

一般认为，乌贼身上花纹是一种先天特性，这种花纹的拟态行为——随环境色彩而变化的行为也属于先天行为。但最近，科学家开始研究乌贼身上花纹的生长过程，结果发现，这种花纹的生长还跟乌贼的生长环境有关。研究人员分别将乌贼放到视觉对比度高和对比度低的环境中饲养，发现在对比度高的环境中成长的乌贼身上的花纹比对比度低的环境中成长的乌贼显得更加色彩斑斓；而且，高对比环境中成长的乌贼，身上花纹变化对环境的反应更加敏感。

研究“迷彩服”的生长

尽管乌贼的拟态本身是一种先天行为，但科学家发现花纹变化的灵敏度会受到经验影响。他们是怎样进行研究的呢？

他们找来了一群刚刚孵化的小乌贼，将它们分别放在两种环境里：一种背景色是一整片灰色（如图 A），用来代表视觉效果对比度低的环境；另一种背景则是黑白棋盘状（如图 B），用来代表视觉效果对比度高的环境。

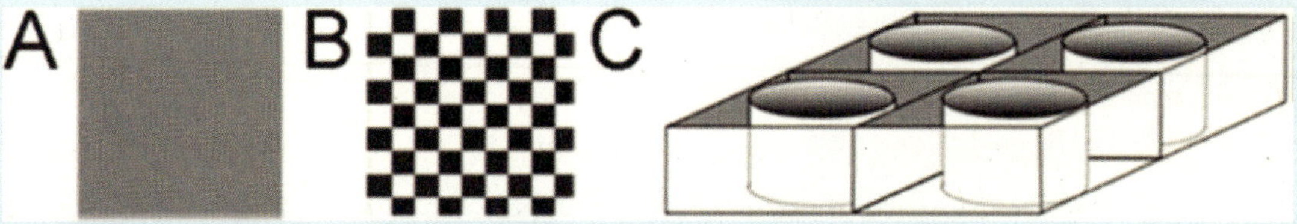

A：灰色背景（低对比度）B：棋盘背景（高对比度）C：乌贼的饲养空间示意图

在孵化后的十二个星期内，他们发现，生长在高对比度环境（图 B 棋盘背景）中的小乌贼身上的花纹比低对比度环境（图 A 灰色背景）中的小乌贼的花纹更加斑斓，前者随环境色彩变化而改变的速度也灵敏。然后，他们将两种小乌贼放在相同的环境中，结果也是一样。

在另一组实验中，为了让环境 A 中的小乌贼也能有机会体验环境 B，在它们四周大和八周大的时候，研究人员特地将它们放到环境 B 中待三个小时。

科学家认为，这些研究表明小乌贼身上的花纹的早期生长，可能受到它们的视觉经验的影响，而不完全是天生的。

从这些实验还可以看出，动物的神经发展和早期感官经验有很大的关系。在生物成长的过程中，外在的刺激越强，对脑部早期发育的影响越大。也就是说，在生物成长的过程中，只有接受充分的刺激，神经发育才能够发挥到一定的程度，欠缺刺激的状况之下，很可能会导致发育缓慢和不足。乌贼的发育过程，对人类了解自身也有着一个重要的启示：在胎儿和婴幼儿时期，应该给予足够的外在的经验刺激，以促使脑部和神经系统充分发育和成长。

指头为何皱巴巴

冬天的时候，大家都很喜欢去澡堂或在家里的浴缸里泡澡，有的时候泡太久了，手指甚至整个手掌会变得皱巴巴，但你也不用担心，因为这不是永久的变形，擦干以后，这些皱纹过不了多久就会消失。可这是为什么呢？

奇妙的角蛋白

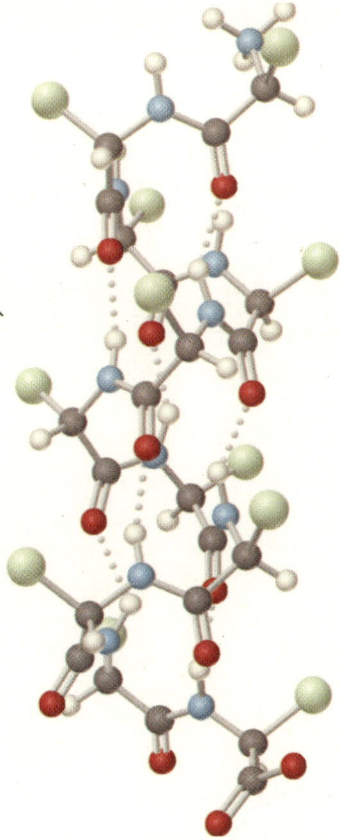

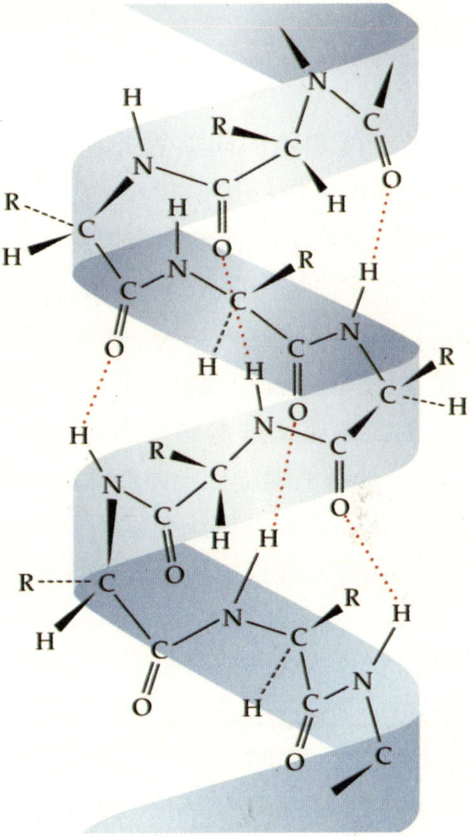

手放在水里久了会变得皱巴巴，原因似乎很简单，因为手上的皮肤吸收了大量的水。但问题又不只是这么简单。最近，澳大利亚国立大学的数学家艾凡丝和她的同事研究了这个问题。根据他们建立的皮肤模型，皮肤中角质层的角蛋白的特殊结构是解答这个问题的关键。生物学研究表明，我们最外层的皮肤、毛发和指甲是由角蛋白组成的，正是这种结构精密的纤维状蛋白质使皮肤具有很好的弹性，容易伸展开来。虽然我们的皮肤在水中浸泡过后会变皱，但角蛋白的结构却未受到破坏，不会散开溶解到水里。在此之前，科学家们虽然认识到皮肤的角蛋白构造十分重要，但这些角蛋白纤维究竟如何排列，他们并不清楚。

在寻找有趣的空间几何结构时，艾凡丝和她的同事意外地获得了皮肤中的角蛋白纤维的模型。他们从纯数学的角度，研究了一种被称为螺旋二十四面体结构的形状。这种结构在大自然中随处可见，皮肤中的角蛋白恰好属于这种结构。他们用计算机进行了仿真实验。实验过程很像在电脑上玩编织：他们把无限长的线条编织进螺旋二十四面体错综复杂的结构中，然后把螺旋二十四面体结构拿掉，就可以模拟出一系列三维编织结构。在这些结构中，有的线与线紧紧地相互缠绕在一起，只有把线与线分开，才能移动这些线。

如果皮肤角蛋白的纤维像这些线一样排列，一旦皮肤在浸泡中吸收水分发生膨胀，就意味着缠绕在一起的角蛋白纤维必然在膨胀的过程中相互分离，整个结构随之破坏，角蛋白纤维甚至会溶入水中，那样一来，泡澡的结果就不止是使皮肤起皱，而是会让皮肤脱落到水中，实在有点恐怖。好在皮肤角蛋白的结构显然不是这样的。艾凡丝和她的同事发现，在他们模拟的三维编织结构中，有些结构在发生扩张时，这些编织进去的线被拉直了，能够一方面随着结构的增大一起发生滑动，另一方面彼此仍然紧密相连。其中的一个模型，在吸取大量水分而膨胀到原来体积的 7 倍时，内部的线依旧紧密相连。他们用这个模型模拟皮肤角蛋白结构，和真实的测量数据几乎完全吻合。看来这个模型很可能成功地模拟了皮肤的构造。

虽然这个模型目前只是抽象的数学模型，但他们看到，这个模型不仅能解释皮肤构造的奥妙，有利于研究皮肤的物理特性，也为仿生材料的设计带来新的契机。如果能够仿照皮肤角蛋白的几何结构，就可以设计出很多耐拉伸和韧性好的材料，可能对生产绷带、防弹背心、人工皮肤等大有帮助。

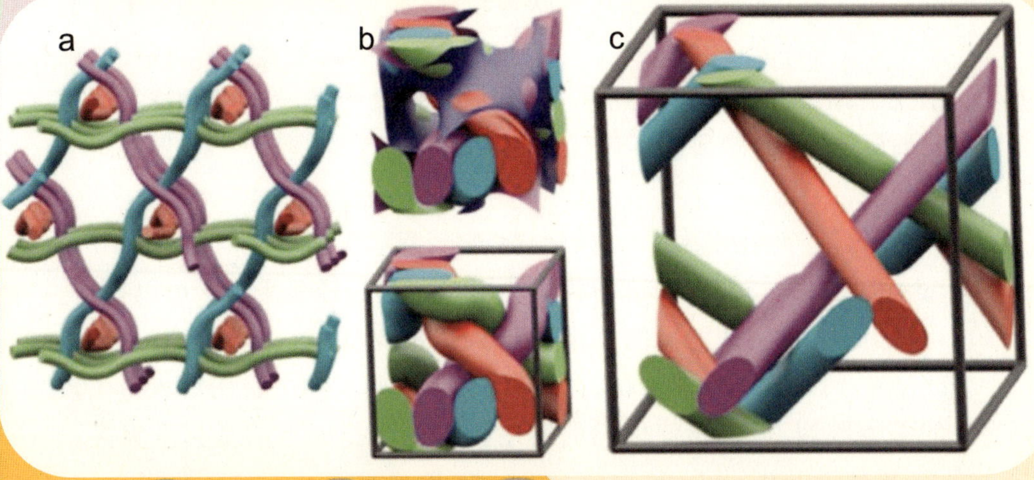

计算机模拟的皮肤角蛋白结构

清洁大师“鲁姆巴”

说起机器人，一下子就能激发起人们的无限遐想，它们是一群无所不能的机器精灵，是未来人类一刻也离不开的伙伴。但你知道吗，目前世界上与我们每个人的生活走得最近的机器人是一种名叫“鲁姆巴”（Roomba）的真空吸尘机器人。它是怎么诞生的呢？这还要从它的发明者安格尔、格雷纳、布鲁克斯等人在麻省理工学院的研究说起。

从万能机器人到实用机器人

罗迪•布鲁克斯教授曾经主持美国麻省理工学院计算机科学与人工智能实验室的研究工作。安格尔和格雷纳是他的两个得意门生。在麻省理工学院时，他们设计了一种非常复杂的实验型机器人，但这种几乎万能的机器人并不实用。后来，安格尔在《机器人发展趋势》一书中回忆说：“当我在麻省理工学院工作的时候，设计了一种万能机器人，能够满足你对机器人的一切设想和期望。它个头不高，却藏着 23 个驱动设备、11 台电脑系统、150 个感应器……诸如此类。无论从哪个方面看它都是无与伦比的，但有一个问题：它每次工作都不能超过一个小时。“当我将它完成之后，我问自己：接下来要干什么？我已经设计出了理想的机器人，但它似乎并不能让我欣喜若狂。究其原因，它只是一个实验计划而已，却不是一个能在现实生活中与各类人发生接触的机器人。科幻小说中描绘的那些特征它并不具备。我想要的是一个能够替我清理房间的机器人，我想要的不仅仅是制造那些有趣的、‘独一无二’的机器人，我想要的比这个更多。”

为了制造实用机器人，他们一起创办了美国艾机器人（iRobot）公司。由 iRobot 公司设计制造的各型军用机器人，轻巧实用，可以扫雷，也可以开展侦察。从波斯湾沙漠风暴到伊拉克战争，美军运用了大量 iRobot 公司设计的机器人执行危险任务，以很少的人员伤亡取得了较大的军事胜利。但真正使他们的实用机器人名扬天下的是真空吸尘机器人”鲁姆巴”（Roomba）。

简单实用的“鲁姆巴”

当安格尔、格雷纳与布鲁克斯寻求新的实用机器人设计时，一个念头突然闪过他们的脑海，那就是发明一种袖珍型的真空清洁机器人，因为几乎每个家庭都有一个真空吸尘器，都不得不面对那些不请自来又挥之不去灰尘。一开始，他们就意识到，实验机器人与实用机器人之间有着很大差别，为了占据市场，实用机器人首先必须降低成本。为了实现这一点，布鲁克斯设计了一种能根据指令简单作出反应的机器人，再尽力拿掉设计中一切多余的东西。他们的设计理念是将简单的行动与有效的反应相结合，突出实用和有效。

“鲁姆巴”的原理很简单，利用可视系统和软件让机器人能看清房间的地形，确定需要清理的区域，然后计算出一条最优路径，并在绕过障碍物的同时清理地板。

通过他们的努力探索，直径三十多厘米、高约十厘米的“鲁姆巴”最终诞生了。把它放在房间里，打开开关，它就会沿着一条绕着房间的、随机的螺旋状路径前行，一边走一边清理。“鲁姆巴”并不知道房间内的哪些地面已经清理过了，但随机设定的路线使它能走遍房间的每个角落。它并不在乎被放在房间的何处，也不在乎有多少障碍物，只要碰上了什么东西，它会迅速调整自己。当机器探测到前方的墙壁时，在前进的同时，一个有旋转能力的刷子会收集各个角落里的脏东西。另外还有两个逆向旋转的刷子通过它的真空喷口的边缘，将一些较大的垃圾吸入其中。

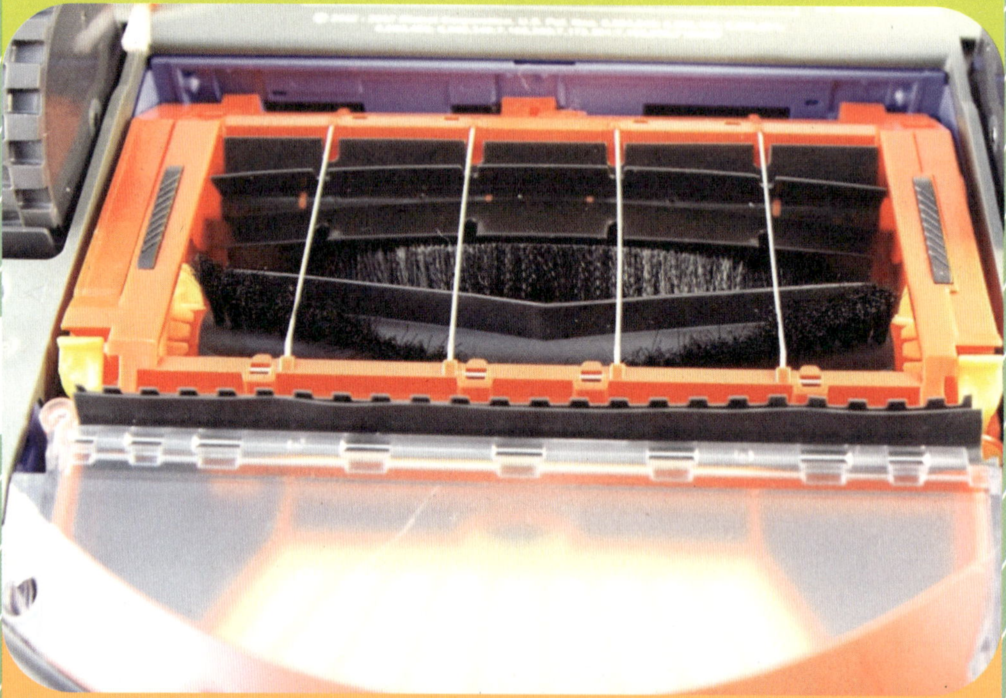

当刷子附近的特殊感应器监测到哪块区域累积的灰尘较多时，“鲁姆巴”能够使出绝招，自动启用一个更高级的清洁按钮，会花更多的时间清理这块较脏的区域。而探测不到灰尘时，“鲁姆巴”便会回到平常的状态。随机导航与集中清理的巧妙结合，使得“鲁姆巴”一般能在20分钟内将普通房间清理得干干净净。

面对楼梯与其他类似“悬崖”之类的地方，“鲁姆巴”可以利用红外线进行探测帮助它避险。当它处在平地上时，红外线会反射到探测器上；面临“悬崖”时，红外线反射不回来，“鲁姆巴”便会调整自己的方向，避免摔倒。

这种简单有用的家用机器人得到了越来越多消费者的青睐，数以千万计的清洁大师“鲁姆巴”成为很多家庭的最爱。

“鲁姆巴”是这样工作的

除尘：真空吸孔吸除细小的灰尘，底部转刷卷起较大的碎屑脏污，侧边的刷毛彻底将墙脚与家具底部的灰尘碎屑扫入吸尘器内。

运转：“鲁姆巴”以数学运算理念设计的运行路线已覆盖全面。当“鲁姆巴”启动之后会沿一螺旋状路线运转，以渐渐扩大的螺旋形运转方式来覆盖空间，一旦碰触到墙壁或家具等大型障碍物时，它的特殊障碍物感应调整器会抵住墙面保护机身不受损伤，并让“鲁姆巴”沿着墙壁或家具前进，这时机体边的毛刷会将墙角或是家具边缘的脏污、灰尘、碎屑扫入吸尘器内。

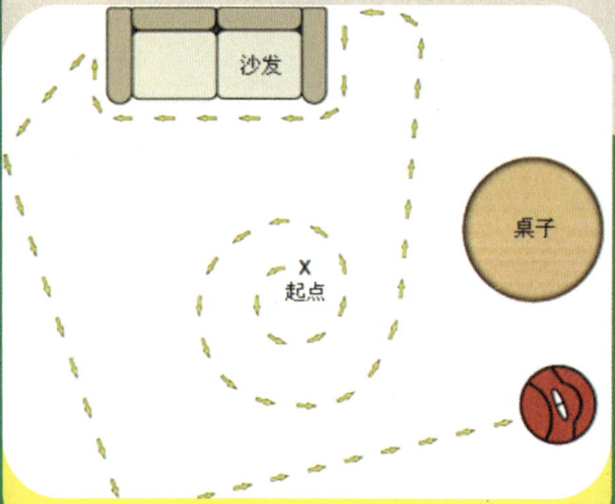

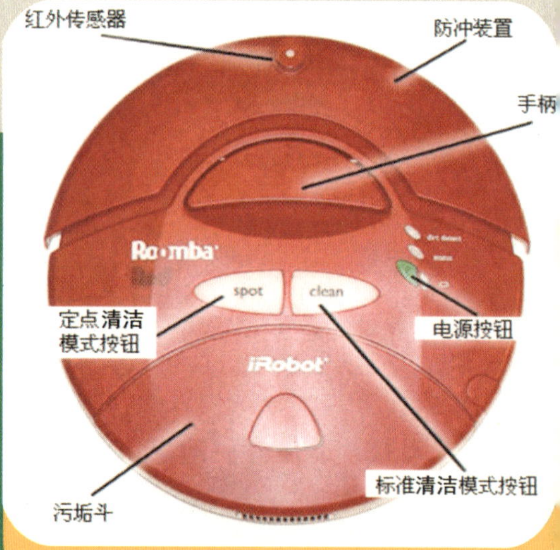

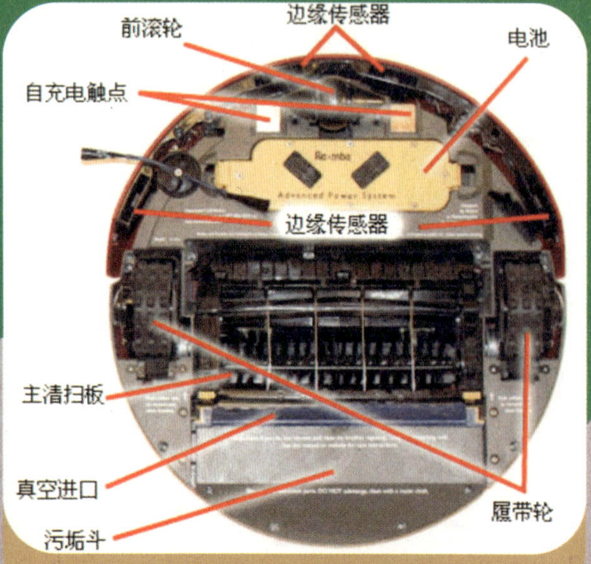

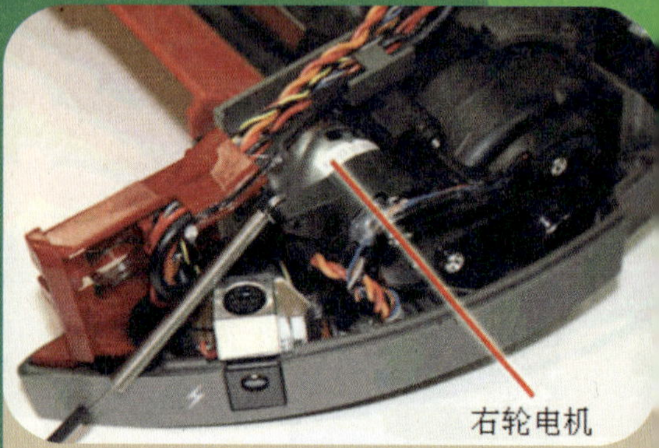

沿着墙壁或家具清扫过一部分空间之后，“鲁姆巴”会转90度，并依以上的路线清扫房间的另一头，如此交叉重复、螺旋运转的路线可以来来回回吸遍你的房间，清扫完毕即自动停止。

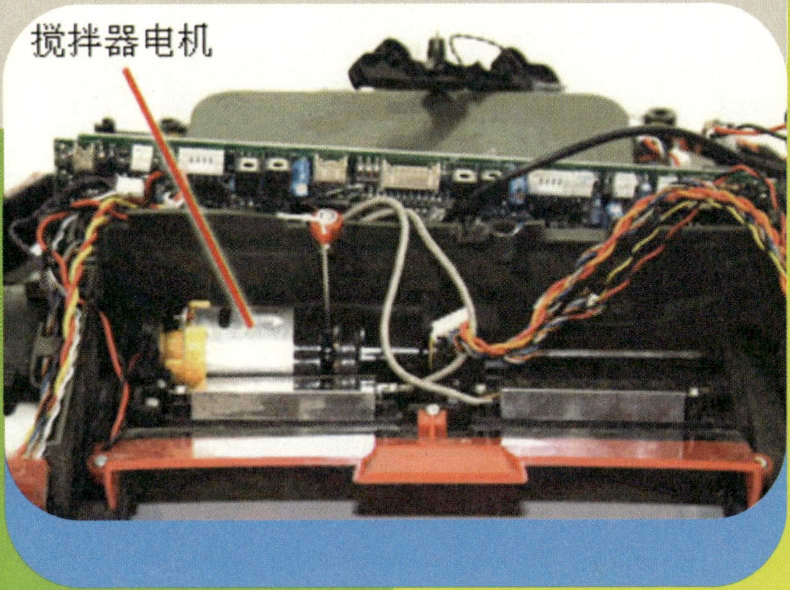

影像中的“DNA”

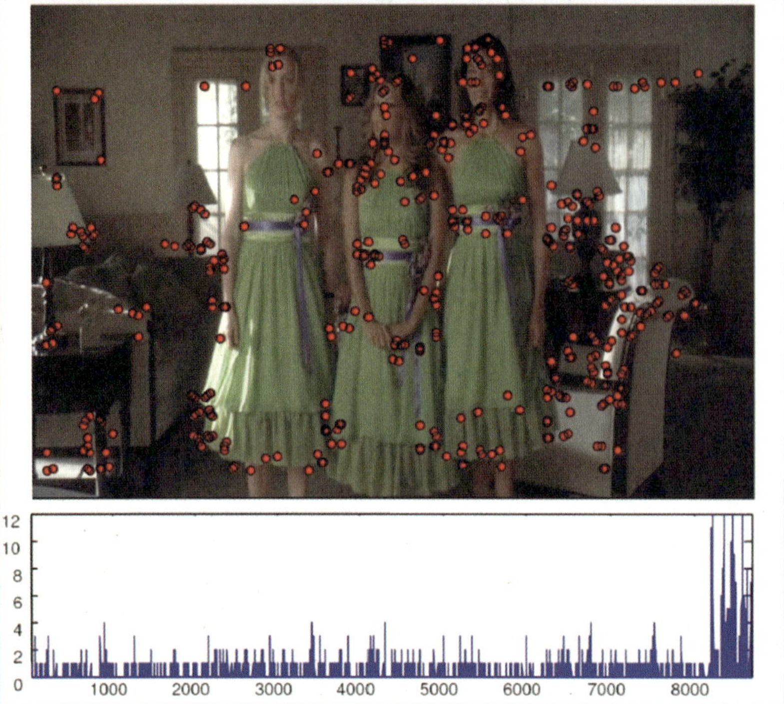

我们生活在一个影像时代，各种影视作品让我们每天都可以享受视听盛宴。但盗版行为却破坏了音乐和影像市场的秩序，这种侵权行为使文化创造者的权利受到了侵犯，让他们的文化创新热情大打折扣。众所周知，盗版猖獗的原因是计算机的普及使光碟的复制轻而易举，网络信息传递的便捷也为盗版提供了方便。使问题变得更复杂的是，很多情况下即使是专家也分不清正版和盗版，就是告上法庭，也找不到确切的证据。

为了抓住盗版者侵权的证据，在技术上一般用动作识别算法进行鉴别。它的原理就是，通过比较两段影像中人物动作的相似性，判定一段影像是不是复制品。但这种算法的说服力并不强。我们可以设想这样三段影像：正在放映的原版《星球大战》电影中光剑比试的场面、通过电视播放的同一片段以及你和同学手持光剑玩具模仿这一片段的录像。根据动作识别算法，这三段影像是相似的，但很显然你和同学一起拍摄的录像并不是盗版的。

最近，以色列科技理工学院的科学家麦可·布朗斯坦等人开始从影视文件中采集影像中的“DNA”——“影像基因”，希望通过对比不同影视文件中一些特征数据确定它们之间的关系，找出盗版影片，试图以此打击网上日益猖獗的影片盗版行为。

以色列计算机科学家

麦可 · 布朗斯坦

影像基因

那么，什么是影像基因呢？就是影像画面中那些不随色彩和分辨率的改变而改变的特征。我们知道，不论是电影还是电视，都是用静止画面的瞬间连放来制造动画效果的，画面中那些反映界限和形状的点在相邻的画面往往是重复的，两个相邻画面间的重复率是影像中不变的特征，将这些重复率记录下来就是反映影像独有特点的信息——影像基因。这些影像特征在一般的操作编辑之下并不会改变。一些影像中的字幕也可以作为影像基因加以采集、保存，再用于比对不同影片的相似之处。如果能够把这些信息提取出来，用64位二进制字符串加以记录，再存储到一个数据库中，借助生物基因序列研究中的配对与比对方法，就可以用来检验类似的影像是否为盗版。

一段影片在盗版和制作过程中必然会发生变化，如手持摄影机盗录电影院中播放的电影时，镜头可能会摇晃不定，影片的色彩和分辨率会改变。但影像基因并不怕这种改变。这项技术的一个想法是，一段影片可能经历过的修改有点类似于基因突变，如影像的剪接编辑、插入广告和场景删节等都类似于基因突变。这些类似基因突变的变化并不能改变反映影像特征的影像基因，运用影像基因识别技术，即使是一小段影片，也能辨别出是否为盗版，并且不受影片后期制作的影响。

科学家希望将这项技术用于侦测视频网站上的侵权内容。据估计，数千小时的影像，其DNA序列只需要几天就可以完成采集、存储和比对，比对的准确率大于99%。

会飞的风车

高空风车

在中国，农历三月三是风筝节。风筝的发明凝结着中国古代劳动人民的智慧。现在，一些科学家又把目光对准了“风筝”，他们研究如何把现代风车发电机像放风筝一样放飞到万米高空，形成“高空风车”，以利用那里的强大气流获得清洁的电能。

据报道，悉尼科技大学工程学教授布莱恩·罗伯茨经过25年的悉心研究后，设计出了一种像直升机一样的旋翼机，这种飞行器可以将风力涡轮机吊在高空中，它的动力由涡轮机发电提供，能在空中停留数月。风力涡轮机发出的电可以通过电缆源源不断地输送到地面。让我们从这些“高空风车”的结构入手，看看它是如何捕捉风能发电的吧。

“高空风车”的主要组件就是风车涡轮发电机。风车涡轮发电机是现代风电发展的关键技术。它有2~3片螺旋桨般的叶片和一个使叶片与风向保持一致的尾端风向标。一般来讲，一个风车发电场由数十个或是上百个风轮机集中在一个区域构成，将所发电力集中起来输送给用户。

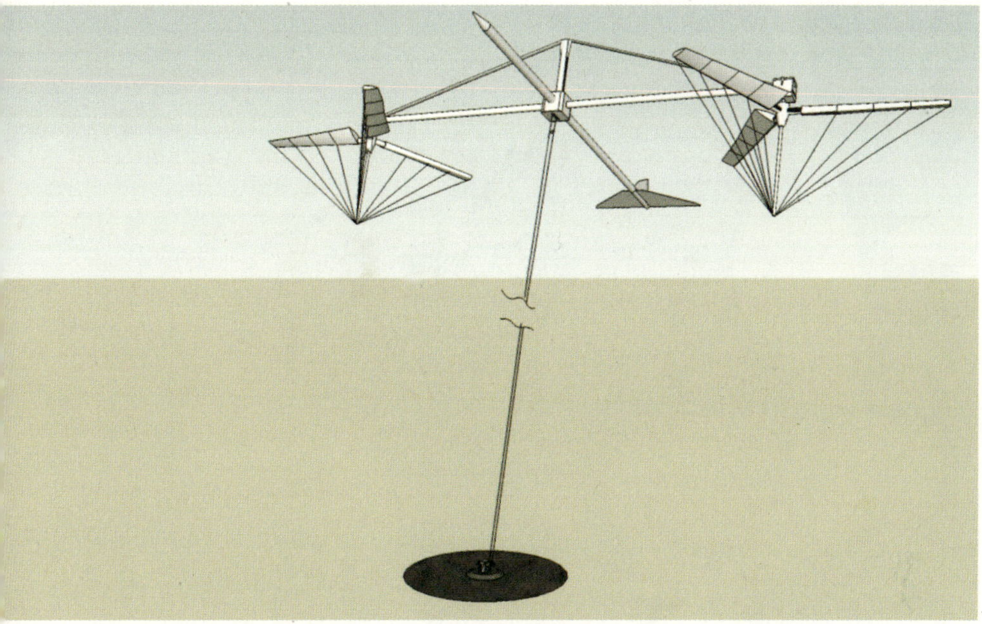

在罗伯茨的设计中，四个庞大的风车涡轮发电机组合在一起，形成一个“大风筝”。但是若想要把这个庞然大物放飞到高空，仅仅拴根绳子是不够的。罗伯茨想出了一个办法：把这个“大风筝”通过电缆与地面相连，通过电缆从地面传导电力，使风车叶片像直升机螺旋桨一样旋转，带着发电机飞向高空。再通过全球定位系统确定其方位，使其达到理想高度。并通过风轮机上的电脑辅助控制仪调整“大风筝”迎风倾斜的角度，使其悬停在那里。这时，那根电缆又起到“风筝线”的作用，可以把空中发电机牢牢固定在那里。高空中时速近320千米的强劲气流吹动风车叶片发电，随后地面电站就可以停止供电了。电流将通过电缆经地面电站输送到用户家中。当需要返回地面时，“高空风车”就用自己所发的电力，启动地面的电缆绞盘慢慢落下。

按照罗伯茨的构想，一个“高空风车”能成功捕捉风能发电，大致要经历以下几个过程。

1.“风筝”组建：把四台或者更多的风力涡轮发电机串联在固定架上，然后把它像风筝一样放飞到几万千米的高空。这样，“高空风车”就可以准备工作了。为降低总体重量，“高空风车”的涡轮发电机采用典型的飞机材料——碳纤维、铝和玻璃纤维制造。

2. 电缆牵住“风筝”：空中发电机将通过直径10厘米左右的电缆系在地面绞盘上，并把2万伏的高压电通过两根铝丝送到地面。不必担心电缆的结实程度，因为它的核心是一根足够令人放心的高强超轻纤维缆绳，这种纤维早已被用来制造网球球拍线和美国航空航天局飞船上的安全气囊。

3. 放飞空中发电：风力涡轮发电机的叶片在起飞阶段水平转动，带动整个机器飞向高空。当到达一定高度接触到强气流时，叶片将被向上抬升40°，使得整个机器像风筝一样悬停在高空，风车叶片开始转动并发电。

4. 电脑控制位置：把电脑辅助控制仪安装在风力涡轮发电机上。根据气流的强弱和方向，它会自动调整叶片的倾斜角度和方向，使发电机一直处在气流中的最佳角度。

高空风能是一种清洁的能源，按照现在技术进步的速度，估计人们在10年内即可实现高空发电的目标，前景十分美好。

小发明大不同

很多重大的发明影响和改变了人类文明，但一些稍微小一些的发明也给我们的生活带来了许多改变，像安全气囊、条形码等就属于这一类，发明虽小，创意无限，世界因此大不同。

安全气囊

安全气囊是汽车的一种附属装置，是在激烈碰撞中保护乘客免受严重伤害而设计的充气尼龙软垫。安全气囊分布在车内前方（正副驾驶位）、侧方（车内前排和后排）和车顶三个方向。在装有安全气囊系统的容器外部都印有 Supplemental Inflatable Restraint System（简称 SRS）的字样，直译成中文为“辅助可充气约束系统”，目的是减轻汽车碰撞后，乘车人员因惯性发生二次碰撞时的伤害程度。

1953 年，美国电气工程师约翰·赫特里特设计了一个试验，将用于使气囊膨胀的压缩空气储存在一个压力容器中，连接着弹簧的质量块用来感应汽车的减速度，当质量块产生位移时，能打开一个阀使压力空气从压力容器中冲出来，使气囊膨胀。他根据这个实验申请了汽车缓冲安全装置专利。1968 年，以氮为原料的固体推进剂替代了原来系统中的空气。

安全气囊是如何起作用的呢？假设一辆汽车正以每小时 40 千米的速度在一条湿滑的道路上行驶，在转向时突然失去控制撞向一棵树，在汽车撞到树的一刻，安全气囊瞬间膨胀至最大并逐渐缩小。安全气囊工作的原理又是什么呢？首先传感器探测到汽车在行驶过程中的加速度、速度变化量或其他指标超过预定值（即发生碰撞）便会并发出信号激活引爆装置，引爆装置开始打火并点燃内存的爆炸性原料，通常是一种叫作叠氮化钠的化学物质，引发迅速的化学反应，产生无害的氮气充满气囊使其迅速膨胀。当乘车人撞击气囊时，氮气会通过气囊背面的小排气口逐渐释放，以免乘车人挤压受伤。安全气囊弹出、收缩的整个过程十分迅速，大部分当事人没有看到气囊的膨胀过程。需要提醒的是，安全气囊只能使用一次，一旦使用，就必须到授权维修中心或经销商那里更换。

条形码

在日常生活中，由黑白相间的条纹组成的条形码几乎随处可见，比如杂志、饼干盒、巧克力的包装纸、汽车和图书证的上面，甚至在这本书的封底上，你都可以看到它。在超市里，收银员会手拿条形码扫描仪一件一件地扫描商品包装上的条形码，收款机根据这些条形码中的价格信息计算出你应该付多少钱。

最早被打上条形码的产品是箭牌口香糖。条形码技术的创意产生于 20 世纪 20 年代，来自美国发明家约翰·科芒德(John Kermode)异想天开的想法，他希望用这项技术对信件进行自动分类。他设想，将收信人的地址信息转化成条码，就像今天的邮政编码那样，然后贴在信封上。他用一个“条”表示数字 1，两个“条”表示数字 2，条与条之间留出“空”，依此类推。为了识别条形码，他还发明了条形码扫描器，扫描器能够发射光并接收反射光，由于“空”反射回的光较强，“条”反射回的光较弱，这样就可以根据反射光所信号强弱读出条码所代表的一串数字信息了。

条形码技术在第二次世界大战之后得到了广泛的应用和不断改进。作家阿西莫夫在他的科幻小说《赤裸的太阳》中曾经谈到过一种用于自动识别信息编码的方法。在那时的读者印象中，这本书中的条形码符号看上去像是一个方格子的棋盘，但今天的读者可能会立即意识到这是一个二维矩阵条形码符号，它所表示的是高信息密度的数字编码。

NJ 081 9-10

从手写输入到意念拨号

手写输入

早在 1929 年，就有人陆续申请光学字符识别技术的专利。20 世纪 50 年代初，美国国家安全局曾经试图利用光学字符识别技术自动破译密码。后来，美国邮政管理局开始用电子扫描识别邮政编码。20 世纪 90 年代初，苹果和 IBM 公司开始在掌上电脑和笔记本电脑上应用手写识别技术，但起初并未取得巨大的成功。

手写输入识别技术的关键在于用计算机或机器识别出手写文字，并将它们转化为可以存储和传递的信息。说到计算机文字识别，你一定会想到扫描仪。用扫描仪扫描书刊，相当于拍照片，但可以通过软件将书刊上的文字读出来吗？我们知道，书刊上的文字一般都是比较标准的，手写的文字认起来要困难得多。在有些大型超市，消费者使用信用卡付账时，会在一个小型电子账簿上签字。他们可能会认为自己的签名正在被分析识别，但事实上大多数零售商店都只是直接将整个图像存储起来了，因为他们只是想节约纸张。你可以想出来的一个重要原因是，很多人对写自己的名字太熟练，再加上安全或其他考虑，签名往往是龙飞凤舞，单个字符拿出来他本人都未必认得出。如果让机器去认，这不是太为难计算机了吗？

随着手机、平板电脑等数码产品的普及，手写输入识别技术得到了迅速的改进。手写体识别一般通过笔画认字，识别软件采集每个笔画定义的信息，而一个笔画是指手写笔或手从开始点击触摸屏到离开所画过的一系列点，这些笔画被记录为时间的一个函数，所以能够将这些数据转换为一串数字，通过对照参考表比较这串数字，确定出最可能的字符或文字。

在电脑、手机普及的时代，写字的机会越来越少，很多人写东西太依赖键盘，甚至提笔忘字。而随着手写输入越来越高效准确，很多人一定愿意重回手写时代，不仅让文字输入更加个性化，也让我们有更多手脑并用的机会。

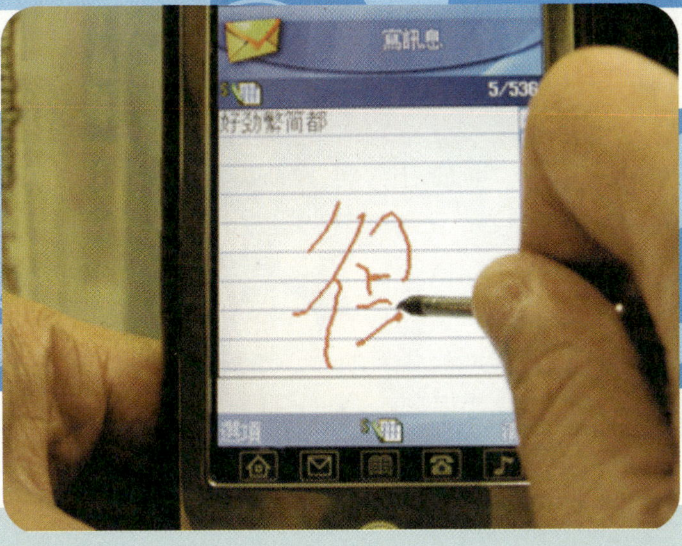
寫訊息
5/536
好劲繁简都

GREAT MAP
CELEBRATING 100 YEARS
EDMONTON 2004
Art
Culture
Community
Sport
History
Health
Military
Business
Education
Politics
map art by: rwild@1-900-870-6235.com
Edmontonians of the century

用意念拨号

你一定有过这样的经历，有时候手上拿着很多东西，想打电话可拨号很不方便。你想过如何解决这个问题吗？最近，美国加州大学的科学家进行了一项试验，试图通过一种新型蓝牙系统（短距离无线通信和数据传输系统），让用户可以仅仅用意念来控制手机拨号。为了实现意念拨号，用户需要戴上一个特殊的布满 4 个电极的脑电波描记器的头带，它能捕捉人脑发出的信号，从而让手机进行拨号。

这个试验在一个标准的办公室里进行。10 位志愿者佩戴上能采集脑电波的头带，头带与手机可通过蓝牙系统相互传递信号。10 位志愿者分别坐在一张舒适的椅子上，与电脑屏幕保持 60 厘米的距离。试验开始前，志愿者需要先注视电脑上的数字。试验开始，电脑屏幕会闪现类似触摸屏手机的拨号盘，与手机不同的是，电脑屏幕上的拨号盘的数字会以不同的频率闪动，志愿者在看到所需要的数字时，头带会捕捉到人脑所发出的信号，这时只要志愿者再注视屏幕中的回车键，数字就立即通过蓝牙系统传送到手机中。如果数字有误，则志愿者注视一下空格键，数字就会被取消，这样就可以用意念控制手机拨号了。

试验结果表明，7 名志愿者准确地输入了 11 位数字，平均用时是 88.9 秒。研究人员认为，使用这套系统的准确率为 70%~85%，如果经过训练，准确度还会提高。

这个试验的关键是人脑 - 计算机接口，它能让大脑和计算机等外部信息设备进行双向信息交换。这种系统先扫描并记录脑波信号，然后再将脑波信号转换成能被电脑等设备识别的数字信号。很显然，人脑 - 计算机接口能够传递人的意念，这不仅会给身体不便的人带来巨大的便利，更让普通人无需动手就能做很多自己想做的事情。

不用太久，随着这项技术的进一步发展，我们一定能真正做到心想事成！

钻进耳朵的手机

科技进步在很大程度上是由想象推动的。在关于未来科技的想象中，最简单的方法莫过于根据现在已有的发明、科技发展的趋势和我们进一步的需求来推想出未来的可能。很多技术上的革命是一步一步发展起来的，而它们之所以能够出现，是因为找到了创新与想象的结合点，就像曙光照射到地平线上一样。

手机已经成为当代人生活的一部分，有了它我们可以随时与朋友和家人联络。但我们也会遇到一些苦恼和尴尬——不小心将心爱的手机丢失在出租车上，因为忘了关机手机在课堂上铃声大作，等等。10 年后，这种情况也许不会再出现，那时候我们有可能用上一种钻进耳朵里的“隐形”手机。有了这种更加便捷的“隐形”手机，我们就可以告别现在使用的手机了。会议或用餐中被不合时宜的电话铃声扫了兴致？翻遍了口袋和手提包就是难觅手机的踪影？让这些讨人厌的情况统统一边去吧！

怎样实现这个奇思妙想呢？你也许一下子就会想到，如果能把微型电子芯片安装到耳道里，就有可能让手机隐形。答案正确！到那时，微电子芯片可以做得像一粒芝麻那么大，让它轻轻地吸附在耳道里就可以了。

同时，这种全新的通信方式还将完美借鉴精密的助听技术，让使用者免去所有打扰他人的尴尬。说到助听器，你一定会想到那是一个让人看起来不那么富有青春活力的物件，但未来的助听器很可能是一片十分纤小的薄膜，像隐形眼镜那样透明，如迷你水母一般在耳道里自由滑行。在那时的网络百科上，你也许会看到这样的定义：“隐形”手机实际上就是一种隐形的助听器，可与外部“天线”连接并接收传送手机呼叫信息，微型芯片是手机的核心部件。虽然这项技术的核心原理让人听起来一头雾水，归结起来就是一句话：工程师们已经把从前手机中的所有东西都成功地塞进了微型芯片中。

“隐形”手机的信号会直接进入耳朵，其工作原理与电视节目主持人所使用的耳麦如出一辙。不过，它有耳麦无法比拟的优点：就是绝不会发出干扰信号妨碍你的听觉。在信号进入前，它会发出低鸣以示提醒。只需轻声说“喂”就可以开始对话了；而如果用户不想接听，可立即中断。到那时，蓝牙技术已日趋成熟，它能够通过耳塞中的话筒收录使用者发出的所有声音。这种“隐形”手机最神奇的地方在于周围嘈杂的环境完全不影响它的正常工作，即使坐在人群川流不息的火车站，照样能与另一头身处安静氛围下的朋友煲“电话粥”！而这一切，要归功于高效的声音辨识系统。

说到这里，你也许会问：“那么小的手机如何拨号呢？”关于这一点，声音辨识系统又将大显身手。用户可以事先在该系统中储存 500 组电话号码。想要通话时只需报出对方姓名，电话就会自动拨号。事实上，类似的声控手机在 20 世纪 90 年代就已经开始应用，但如今的技术相对更加精密。

天线安在哪里呢？你可以尽情发挥想象：安在头发上？钮扣上？帽子上？手表上？还是眼镜上？你可以试着画出每种可能的设计想象图。还可以进一步想象，如果要让这种手机成为可视电话，屏幕安在哪里呢？手表和眼镜也许是不错的选择。

未来很美好，它需要你的想象……

空想的家电设计

从 2003 年至今，瑞典伊莱克斯公司每年都要举办一次世界性的工业设计大赛。每次大赛都有个主题，并在世界不同的城市举行。历年主题则包括“网络时代”、“绿色设计”、“健康饮食”、“设计未来”，等等。在大赛中，各种创意真的让人目不暇接，很多奇思妙想甚至令人匪夷所思：一台取名为“茧”的食物培养器，一个会飞的户外雨水收集器，一台能远距离传送物品的冰箱，一台食物复印机，两台分别使用蒸汽和负离子作为清洗工具的洗衣机，还有一个名叫“小王子”却长得像章鱼的温室机器人，等等。这些近乎空想的设计充满魅力，而其中的奥妙就在于，虽然它们现在几乎不可能实现，但人们依然希望它们能在未来的时空中绽放异彩……

能培养食物的“茧”

来自瑞典隆德工程技术学院的设计者设计了空想中的产品“茧——鱼、肉培养机”。设计者说，为了减轻日益增长的世界人口引发的粮食短缺，想到可以设计一个可以自我复制的鱼、肉培养机：把一小块经过特殊处理的三文鱼放在这个外形像“茧”的容器里，用无线射频照射，让鱼肉变大并加热。

用无线射频加热食物，这完全可以想象。可问题是，怎么可能在加热的过程中让鱼肉变多？这种想法不难理解，人喜欢吃肉，可肉不够吃，那就直接复制肉类细胞吧！现在看起来无异于空想。可要是真的实现的话，全世界的家庭主妇一定会非常开心，每天只需要买很少的鱼或肉，就可以够全家吃了。牧民和养殖场也不需要饲养那么多牛羊，草场可以得到更好的保护，全球的气温也不会升得那么快了……

这些现在看来还都是空想，但谁又能说将来就一定不能成为现实呢？

Salmon

01:58

飞来飞去的集水器

这个设计出自一位来自浙江的大学生之手，设计的目的是为了解决水资源短缺的问题。这个设计的创意是，让长着翅膀的、像瓢虫一样的球形集水器在雨天飞来飞去，收集天上落下的雨水，收集满雨水后，球形集水器会飞回到一个托盘中，托盘可以将雨水净化为饮用水。净化完毕后，小球可以直接飞向饮用者，将净水注入他的杯子里。更神奇的是，托盘上的指纹探测器，还能探测主人缺乏哪些微量元素或其他营养物质，并向水中添加需要增添的营养成分，以满足用户的健康需求。看到这种设计，你一定有不少疑惑：它装满水后还飞得动吗？它靠什么能量作为动力呢？需要每天充电吗？如果满天飞的都是这种“小瓢虫”，它们会互相碰撞吗？但不管怎么样，如果不计成本，就目前的技术水平似乎还是可以制造出来的。只是如果成本太高，人们恐怕会选择直接用桶接雨水，然后再净化饮用。但谁又能预测未来，没准哪一天这种集水器真能被创新天才变成被市场接受的新奇产品。

远距离传送冰箱

最受网民欢迎的设计之一是远距离传送冰箱，这是由泰国的一位大学生设计的。我们知道，在量子世界里，科学家们正在研究如何远距离传递微小的光子。受此启发，《星际迷航》等科幻作品中都涉及了远距离传送。

远距离传送冰箱不仅是一款功能齐全的高档冰箱，它的神奇之处是能够远距离传送生鲜食物。想想看，如果你想吃海鲜或者某些热带水果，打开冰箱一看，空空如也……但没关系，你可以启动远程传输技术，通过网络将你的需求发到远洋捕捞船上或新西兰长满奇异果的果园，分分钟的工夫它们就传送到了你家的冰箱里……当然，你的信用卡上可能会刷光你一个月的零花钱，但你依然觉得为了这新奇的享受是值得的……

这些奇妙的空想，是否让你感受到未来世界吹来的轻风……

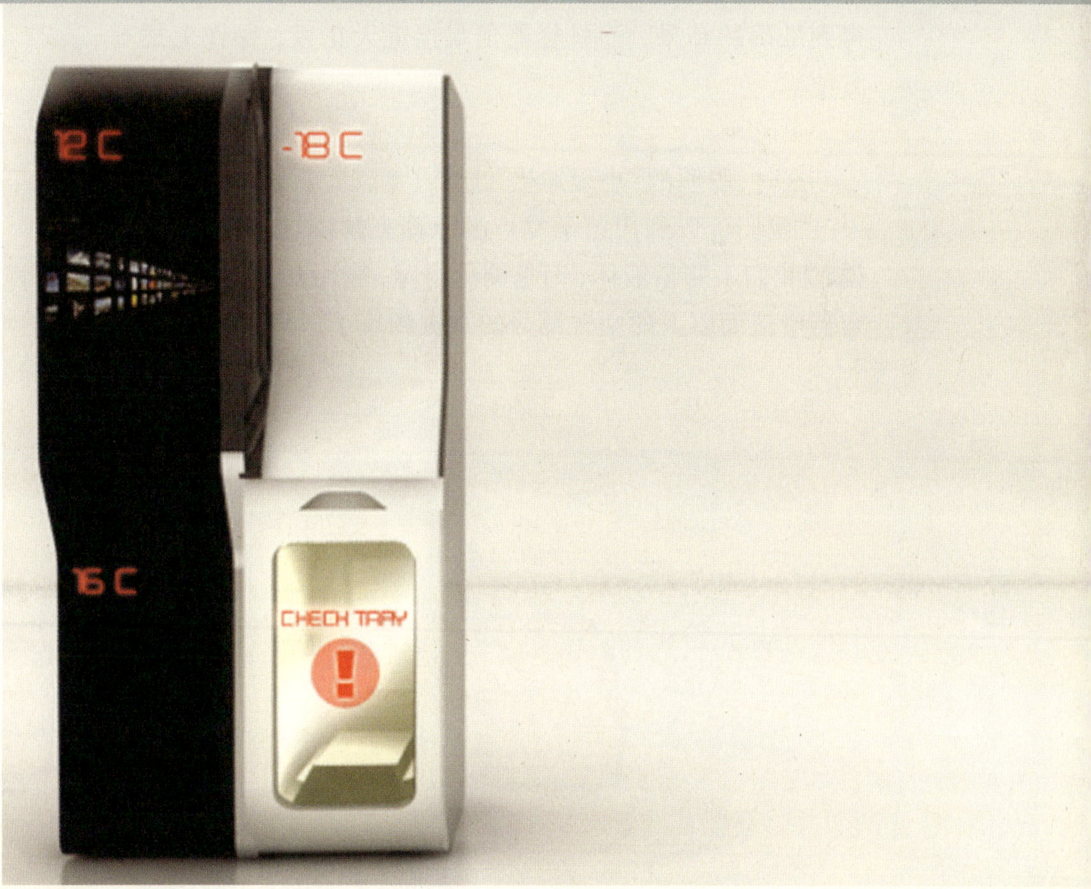

笛声的启示

在一家化工厂里，一个巨大的容器中装入了一种强腐蚀性的液体，生产时，让液体从容器流向反应器，进入反应器的液体的多少需要进行精确的控制。但这似乎是一个难以解决的问题。

“我们尝试使用了各种玻璃或金属制作的仪表，”工程师对厂长说，“但它们很快就被液体给腐蚀了。”

“如果不测量流量，只测量液体高度的变化怎么样？”厂长问。

“容器很大，高度变化很微小，”工程师说，“我们无法得到准确的结果，而且容器顶端接近天花板，操作上很不方便。”

……

这时，聪明的“小爱迪生”出现了。

“我们可以利用笛子发声的原理来解决这个问题，”他说，“我们不测量液体，而是测量空隙，利用共振原理，测量容器中液面以上的空气部分的共振频率。”

“共振原理是不是说容器液面以上的空气部分有一个固有频率，当周围环境的各种声波作用到空气柱时，只有与空气柱固有频率相同的声波，才能激起空气柱的共振，产生共鸣，笛子和各种管乐能发声就是这个原理？”厂长问。

“对，简单地说，两个固有频率相同的物体，当一个发生振动时，另一个物体也跟着振动，这种现象叫作共振，”“小爱迪生”说，“利用共振我们可以测量出容器液面以上的空气部分的固有频率，而它的固有频率随着空气部分高度的变化而发生变化，我们可以通过固有频率的变化反过来测量空气部分的高度，从而准确推算出液体的细微变化量。”

钢珠的双重角色

在一个利用高速气体输送钢珠的管道中，拐弯部位在工作一段时间后就会坏掉。原因是钢珠在高速气体的驱动下，对弯曲部位的管壁进行连续撞击，过不了多久就会撞出洞来。

“能不能再建一条管道，”工程师对厂长说，“当其中一条需要维修时，可以启用另一条管道来输送钢珠。”

厂长说：“确实可以解决一部分问题，但是，再增加一条管道会增加成本。”

……

这时，聪明的“小爱迪生”出现了。

他说：“我有一个主意，可以让钢珠本身担当起保护角色。在拐弯部位的管道外，放置一个磁铁，当钢珠到达磁铁磁场范围内时，会被磁铁吸附到管道内壁上，这就形成了一个保护层。钢珠的冲击将作用在由这些钢珠形成的保护层上，那些被冲掉的钢珠也会因为磁铁的吸引而得到补充。

给热钢管内部涂润滑油

钢管一般是将钢板加热后轧制而成的，轧制完成后，需要在冷却前给钢管内壁均匀涂上一层润滑油。

“能不能设计制造一台专用的可移动机器进入钢管内，完成涂油工作？”工程师对厂长说。

“应该可以，”厂长说，“但可以想见，由于是在管内壁作业，是非平面涂油，涂油的效率不会很高，也很难检测完成的质量好不好。”

这时，聪明的“小爱迪生”出现了。

他说：“可以制作一种均匀涂好润滑油的纸带，直接贴到钢板上，纸会在高温下燃烧，剩下的就是均匀的润滑油涂层了。”

浮在锡上的玻璃

在玻璃生产线上，怎样传送处于高温状态的玻璃是个困扰工程师的难题。

刚生产出来的玻璃处于高温状态，随着温度的降低逐渐从可以流动的液态变为十分柔软的固态，必须尽快将它们传输到指定位置冷却定形。

“我们可以用滚轴传输玻璃，就像传输钢板一样，”一位工程师说，“但问题是，玻璃在传输过程中会因为重力下垂而造成变形，玻璃表面会变得凹凸不平。”

“我们可以将滚轴直径做得像火柴棍一样细，使玻璃板悬空面积尽可能少，”另一位工程师说，“组成的传输线每米大约有 500 个滚轴……”

“这不是传输线，倒像是首饰什么的，”厂长说，“这得花多少成本啊？”

这时，聪明的“小爱迪生”出现了。

“我们可以用熔化的锡来代替滚轴，也就是说可以用一个长长的、盛满熔化锡的凹槽作为传输线。由于锡的熔点低而沸点高，属于通红的玻璃板的冷却温度区间，”他说，“熔化的锡在重力作用下，会呈现出一个绝对平面，浮在上面逐渐冷却变硬的玻璃自然就十分平整光滑了。”

薄玻璃板磨角

一家工厂接到一个订单，需要用长方形薄玻璃板生产大量椭圆形的薄玻璃板。在将长方形薄玻璃板的角磨成弧形的过程中，薄玻璃受力很容易破碎。

工程师对厂长说：“我们应该将玻璃板做厚一点。”

“不行，”厂长说，“客户的订单上要求的就是这种厚度的产品。”

这时，聪明的“小爱迪生”出现了。他说：“我们可以想个办法，让玻璃在磨削时变厚，加工完成重新变薄。”

他的办法是：先在每层玻璃上面洒一层水，再把多层薄玻璃叠放在一起，玻璃板之间可以产生相当强的贴合力，从而形成一叠玻璃板，一叠玻璃的强度会远大于单层玻璃的强度，在磨削加工中就可以承受较大的磨削力而不容易破碎；当磨削加工完成后，再分开每层玻璃，水分会自行挥发掉，最终就获得了所需要的产品。

装金属球的火星车轮胎

火星表面布满石头、坑洼不平，火星车的巨大轮胎很容易因颠簸而翻车。火星车生产工厂的工程师和厂长不得不讨论解决的办法。

有的说，在火星车的下面悬挂重物，降低车的重心，增加稳定性。有的说，将轮胎的气放出一半，使轮胎下陷，增加稳定性。边有的说，在火星车的两边分别多安装一只轮胎。还有的说，可以让宇航员探出身体来保持车子的平衡。

但厂长认为，这些建议，确实能改善火星车的稳定性，但却带来了另一些问题，比如：降低了火星车的运动性能，降低了车速，让火星车变得更复杂，增加了宇航员的危险性等。

这时，聪明的小爱迪生出现了。

他说："必须想办法降低火星车的重心。一个巧妙的办法是，在火星车的轮胎里放置球形重物，这些重物可以滚动，所以总处在轮胎的最下面，以最低的重心使火星车保持稳定。

巧运迫降飞机

一架巨型运输机在起飞后遇到恶劣天气，紧急迫降在距离飞机场 200 千米外的空地上。经过检查，飞机严重损坏无法再飞行，必须运送往工厂进行维修。

一位工程师说：“地上没有跑道，只能将飞机用吊车运走。”

飞行员说：“怎么可能？哪里有这么大的吊车？”

这时，聪明的小爱迪生出现了。

他说：“可以将气袋固定在飞机翅膀下，然后充气，气袋所产生的浮力可以抬起飞机，再将平板拖车开到飞机下面，就可以拖走飞机了。”

绳栓冰柱

冬天，房子上的排水管或排水槽里会形成坚硬的冰柱，有的长达数米。春天到来的时候，排水管受到太阳的照射，冰柱的外表因为吸收热量会先融化，到一定程度时，冰柱会从排水管中滑落，撞破排水管，有时冰柱碎块甚至会从排水管中飞出，扎伤经过的行人。

市政府找到工程师讨论这个问题。

一位工程师说："我们可以用热风机吹出的热风使这些冰柱融化，直接用暖气的热气或热水也行"。

市长听了直摇头："这样太浪费能源了，现在都提倡低碳，这个办法不行。"

这时，聪明的"小爱迪生"出现了。

他说："其实很简单，我们可以采取一些预防性的措施，在冬天来临之前，在排水管里穿进一根绳子，冬天结冰时绳子就成为冰柱的中心，到天气变暖时，冰柱会渐渐地消融，而不会直接成块滑落。"

果汁巧克力

糖果厂的厂长收到一份远方的朋友寄来的礼物，打开一看是酒瓶形的果汁巧克力。他请了几位工程师来一起品尝。这种巧克力的中心是液态的果汁，大家都非常喜欢吃。厂长问："我们也可以生产这种糖果吗？"

一位工程师说："生产的关键是这种果汁巧克力的果汁是怎么装进去的？"

"先做好巧克力，然后往里面灌上果汁，再封口。"另一位工程师猜测道。

"果汁应该足够稠，要不然会影响巧克力成型，"第三位工程师说，"但是果汁很难灌进巧克力中，在灌入果汁的过程中，还会溶化一部分巧克力，果汁的味道就不纯了。"

这时，聪明的"小爱迪生"出现了。

"我们可以采取逆向思维法，"他说，"先将果汁冷冻到冰冻状态，再将一颗颗冰冻的果汁颗粒放入巧克力中，就可以制作出各种形状的果汁巧克力，冰冻的果汁会在常温下变为液态，果汁巧克力就这样制造成功了。"

飘扬的旗子

在电影拍摄现场，一场激烈的古代战争戏正在上演，刀枪飞舞，人欢马叫，好不热闹。但看到场上的战旗低垂，导演觉得戏份很不够。他找来助手商量解决的办法。

“旗子应该在风中飘舞！”助手说，“可是现场没有风啊！能不能找个巨大的鼓风机来吹动战旗？”

“不行，”导演摇摇头，“那样会把演员的衣服和发式吹乱的……”

这时，聪明的“小爱迪生”出现了。

他说：“我们可以将旗杆做成中空的，在旗杆上部靠近旗子的位置钻上小孔。在旗杆的底部装上一个小风扇，让风往上从小孔吹动旗子，旗子就可以飘扬起来了！”

术语表

自然匹配原则： 在设计中尽可能让用户能根据直观感觉正确地操作产品，而无需过多的说明。

决策树： 决策树是对游戏或比赛中各种可能对策的描述。以下棋为例，每一步棋都有很多种走法，当其中的一方走出一步时，另一方就会有一系列可能的应对方案。如果用图表把每一步棋可能的走法体现出来，就能建立相应的决策树。

窄而深的结构： 有的时候，我们的行动需要很多步骤才能完成，但每一步都只有一两种选择，这样的结构就属于窄而深的结构。

标准键盘： 我们今天在电脑上使用的键盘继承了打字机的标准键盘，它是美国发明家肖尔斯于 19 世纪七十年代设计的“qwerty”键盘（键盘上行左首 6 个字母分别为 q、w、e、r、t、y），又称“肖尔斯”键盘。

超有机体： 如果将人类视为人类细胞和微生物细胞相共生的组合体，人类基因在整体上就是人类基因和微生物基因的集合，人类的生命代谢同时包含了人类和微生物的特征。

二氧化碳封存： 为了减少空气中的二氧化碳，人们已经开始探索将排放或捕获的二氧化碳封存起来。二氧化碳封存的办法除了将它储存起来之外，还包括使二氧化碳通过化学反应转化为固态的碳的化合物。

石墨烯： 石墨烯不仅具有新奇的形态，由于组成它的碳原子被压缩到一个平面上，使它展现出了很多量子物理世界的独特性质，可以用它制造触控式屏幕、光板、太阳能电池，使用它生产出的复合材料可以用于卫星、飞机、汽车和超级防弹衣的制造。

路易丝 · 布朗： 1978 年，一对英国夫妇莱斯理 · 布朗和约翰 · 布朗在婚后 9 年一直未孕，接受了体外试管受精治疗。当受精卵发展成八细胞构成的早期胚胎时，被植回布朗太太的子宫中。经过足月妊娠，1978 年 7 月 25 日，布朗太太剖腹产下一名健康的胎儿——世界上第一例试管婴儿，取名路易丝 · 布朗。

“奇点”： 在2005年出版的《奇点已近》一书中，未来学家库兹威尔指出，科技的加速发展，将赋予人类应对未来的能力，科技正在使人类发展的轨迹迈向发生飞跃的奇特的转折点，将来的计算机会比现今所有的人类智慧还要强大几十亿倍，由此将触发一场人类能力的巨大转变，到2045年左右，会让整个宇宙“觉醒”。

太阳帆： 太阳帆技术为人类的星际旅行提供了一种新选择，它无需燃料，只要有太阳能，它就能不断获得动力加速飞行。太阳能是一种取之不尽的能源，从这一点上来说，在远距离的太空旅行中使用太阳帆比使用传统的火箭推进器要更胜一筹。

航天飞缆： 它是一种采用柔性缆索将两个物体连接起来的系统，简称EDT。如果缆索是导电的，整个系统就成为了一种电磁缆索，它可以利用磁场会对导电的缆索施加作用力的特性，来实现与旋转的行星交换动量的过程的。

“在家里搜索外星人”计划： 即SETI@home是Search for Extraterrestrial Intelligence at Home的缩写。该计划认为，先进的外星文明只要进入无线电时代，就会像地球一样有电磁辐射从他们居住的星球泄漏出来，因此可以通过对射电望远镜采集的信号进行分析，以寻找外星人的蛛丝马迹。

安全气囊： 它是汽车的一种附属安全装置，是在激烈碰撞中保护乘客免受严重伤害而设计的充气尼龙软垫。安全气囊设置在车内前方（正副驾驶位），侧方（车内前排和后排）和车顶三个位置。

条形码： 最早被打上条形码的产品是箭牌口香糖。条形码技术的创意产生于20世纪20年代，最先出自美国发明家约翰 · 科芒德（John Kermode），他希望用这项技术对信件进行自动分类。他想将收信人的地址信息转化成条码，用一个“条”表示数字1，二个“条”表示数字2，以此类推，条与条之间留出“空”。为了识别条形码，他还发明了条形码扫描器。

图书在版编目（CIP）数据

面向未来的创新 / 段伟文主编. —北京 ：科学普及出版社，2015
（少年科学魔幻世界）
ISBN 978-7-110-08671-1

Ⅰ. ①面… Ⅱ. ①段… Ⅲ. ①创造发明—青少年读物
Ⅳ. ①N19-49

中国版本图书馆CIP数据核字(2014)第134363号

主　　编　段伟文
作　　者　段伟文　李　红　刘　畅
　　　　　齐小苗　朱明坤　段粲超
　　　　　段子英　朱承刚　汤治芳
　　　　　刘新成　段天涛
绘画设计　高　亮　孔　前　杨　虹

出 版 人　苏　青
策划编辑　肖　叶
责任编辑　郭　佳
封面设计　书袋熊
责任校对　林　华
责任印制　马宇晨
法律顾问　宋润君

科学普及出版社出版
北京市海淀区中关村南大街16号　邮政编码:100081
电话:010-62173865　传真:010-62179148
http://www.cspbooks.com.cn
科学普及出版社发行部发行
北京盛通印刷股份有限公司印刷
*
开本:720毫米×1000毫米　1/16　印张:6　字数:120千字
2015年1月第1版　2015年1月第1次印刷
ISBN 978-7-110-08671-1/N·194
印数:1—10000册　定价:17.80元